国家重大人才工程国家教学名师项目（2023）、
教育部地质类教学指导委员会新工科项目（2020Y05）
和地质工程国家一流专业建设点项目资助出版

矿业地质教育
教学创新与实践

隋旺华 著

WUHAN UNIVERSITY PRESS
武汉大学出版社

图书在版编目(CIP)数据

矿业地质教育教学创新与实践／隋旺华著. -- 武汉:武汉大学出版社,2025.4. -- ISBN 978-7-307-24851-9

Ⅰ. P5-4

中国国家版本馆 CIP 数据核字第 2025JT5585 号

责任编辑:马超越　　责任校对:鄢春梅　　版式设计:韩闻锦

出版发行: **武汉大学出版社**　(430072　武昌　珞珈山)

(电子邮箱: cbs22@ whu.edu.cn　网址: www.wdp. com.cn)

印刷:湖北云景数字印刷有限公司

开本:720×1000　1/16　印张:14　字数:240 千字　插页:3

版次:2025 年 4 月第 1 版　2025 年 4 月第 1 次印刷

ISBN 978-7-307-24851-9　定价:69. 00 元

作者简介

隋旺华，男，毕业于中国矿业大学，工学博士，二级教授，博士生导师。国家高层次人才计划国家教学名师（第八届），江苏省模范教师（2024），江苏省高等学校教学名师（第六届），江苏省优秀研究生导师（第七届），黄汲清青年地质科学技术奖教师奖（第五届），国家注册土木（岩土）工程师，享受国务院政府特殊津贴。兼任教育部地质类教学指导委员会委员，国际工程教育认证地质类认证分委员会委员，国家矿井水协会中国国家委员会（IMWA-CNC）副主席，中国地质学会矿山水防治与利用专委会副主任，国际地质灾害与减灾协会（ICGdR）矿山地质灾害与生态修复专业委员会主席。获得国家级教学成果一等奖及省部级教学科研奖励多项。主持的“土质学与土力学”“煤矿工程地质水文地质学”2门课程被评为国家级一流本科课程，主编教材6部，主持国家自然科学基金重点项目1项、面上项目6项、国家重点研发课题2项。

序

隋旺华教授所著的《矿业地质教育教学创新与实践》一书，主要包括专业与学科、课程与教材、师生与质量保障三个部分，记录作者自20世纪90年代到今天30余年对矿业地质专业和学科教育教学创新和改革思考与实践。

在专业教学改革和创新方面，隋旺华教授和所在学院以转变教育观念和教育思想为先导，提出了按地质资源与地质工程大类培养的方案，较早地实现了按大类招生、按专业方向培养的模式，设置了模块化课程体系，实施“5+3”分段式教学，构建了本科研究型培养体系。“面向21世纪的地质资源与地质工程类专业教学体系改革与实践”获得国家级教学成果一等奖，对全国地矿类教学改革起到了重要的引领和示范作用。“地学类专业研究型培养体系的构建与实践”获得江苏省教学成果二等奖，在中国矿业大学建成了地质工程国家级特色专业、卓越工程师专业、地质工程国家级一流专业建设点、地质工程专业核心课程群国家级教学团队、矿山地质基础江苏省实验教学示范中心等。

在课程与教材建设和教学创新方面，隋旺华教授主持建成土质学与土力学、煤矿工程与水文地质学2门国家级一流本科课程，并以此为重点，建立了以研究型课程为导向的核心课程体系、以研究型实习和从业教育为特色的实践教学体系、以科研训练为主体的创新教育体系和以基层学术组织改革为抓手的组织保障体系。以研究型教学理念进行教学设计，采用线上线下融合式教学方法，构建了案例驱动的翻转课堂教学模式；建立了专业能力、创造力、合作能力、交流能力“四种能力”培养和敬业引导、创新引导、执业引导“三引导”的课程教学体系；通过课内和课外研究型教学，实现了第一课堂内研究型学习引导与第二课堂创新创业训练有机贯通；强化执业教育和实践教学，着重培养学生解决复杂工程地质与水文地质问题的能力；秉承“学而优则用，学而优则创”的办学理念和“师如何教，亦师所教”的教学理念，以教师自身的科研创新经历进行言传身教，课程思政有机融入课程教学。积极改革学习效果评价方式，建立了与研究型课程相适应的课程目标达成评价方法，注重学习能力培养和学习过程管理。隋旺华教授长期担任教育部地质类教指委委员，多次在教指委年会上做关于地质类新工科建设、艰苦专业拔尖创新人才培养等主题的大会报告，在教育部地质工程专业虚拟教研室进行了土质学与土力学课程示范教学，受到普遍好评。

在师资队伍建设和教学质量保障方面，隋旺华教授和其所在学院较早地开展了基层学术组织改革的探讨和实践，院（系）级教学质量保障体系的研究与实践，在建设国家级教学团队、提高毕业设计质量、促进大学生科技活动开展等方面也进行了研究和实践。

总之，《矿业地质教育教学创新与实践》的内容较为全面地反映了著者在地质教育改革中的系列探索和思考，也从一个侧面反映了我国地质类教育教学改革不平凡的道路。路漫漫其修远兮，期待隋旺华教授在矿业地质教育教学和促进矿山地质科技进步方面作出更大的贡献。

教育部地质类教学指导委员会主任
国家教学名师
中国地质大学教授、博导
唐辉明
2024 年 6 月

目　　录

第一编　专业与学科

第二编　课程与教材

第三编　师生与质量保障

第一编

专业与学科

面向21世纪的地质资源与
地质工程类专业教学体系改革与实践

20世纪以来，随着工业化进程加快以及人口的迅速膨胀，资源不断耗损、环境问题日益尖锐、各种自然灾害频繁发生，从而使人口、资源、环境三大问题成为关系到21世纪人类生存和发展的重大问题。作为研究上述三大问题载体的学科，地球科学更有责任在维护人类生存条件、促使文明社会可持续发展方面作出应有的贡献。为确保这一最高目标实现，地球科学“必须建立起以服务于人类社会发展和生存条件为基本任务”的新的学科体系。在这种形势下，高等地质教育应如何改革和发展，确定什么样的办学指导思想，如何调整和改造专业，确立什么样的培养目标和办学模式，是摆在高等地质教育工作者面前极富挑战性的新课题。

从1993年起，我校（中国矿业大学，下同）就开始了地质资源与地质工程类专业的教学体系改革。至今已取得的主要成果有：从高等地质教育现状出发，以转变教育观念和教育思想为先导，调整人才培养模式，提出了按地质资源与地质工程大类教学的培养方案；设置了“模块化”课程体系，以“宽基础、淡化专业界限、面向21世纪和面向社会主义市场经济”的原则，提出并实施了“5+3”分段式教学；保持优势，拓宽领域，设置了合理的弹性专业方向；完成学院管理体制、实验室管理体制、学生管理体制等配套改革，从而形成了一个多方面相互配合的综合教学成果。这项综合性改革成果在国内地质教育界产生了较大影响，并被部分院校采用。我校牵头修订的“地质工程”（工科引导性专业目录）、“资源勘查工程”、“勘查技术与工程”工科基本专业目录被教育部采纳，并在1998年正式颁布实施（中华人民共和国教育部高等教育司编：普通高等学校本科专业目录和专业介绍）。

一、改革的指导思想与实施进程实录

（一）指导思想

本项目一开始就重视教育观念和教育思想的转变，并将其贯穿于教学改革的全过程，且逐步深化和升华，目前形成了较为明确的指导思想："更新思想观念、培养创新能力；保持传统优势、拓宽专业面向；强化基础知识、改革教学体系；培养适应21世纪的复合型人才。"主要包括以下内容：

（1）转变教育思想，更新教育观念，加强素质教育，培养创新能力。

（2）以人类社会21世纪"可持续发展"为立足点，以解决地质资源、环境和灾害等地球科学问题为己任，探索符合国情和科技教育发展趋势的地质资源与地质工程专业大类人才培养模式。

（3）适应社会主义市场经济的需求，培养21世纪的应用型地学人才，创建新的教学体系。

（4）保持优势、注重前瞻、立足地学、拓宽领域、设置合理的专业方向。

（5）加强基础、整体优化、拓宽面向、重视应用、实施"5+3"分段式教学、提高办学效益。

（二）改革进程实录

（1）1993年开始承担中国地质教育协会"八五"教育科学重点研究课题"中国地质教育现状及规划研究"的子课题"煤炭部属高等院校地质教育现状及改革发展趋势研究"，并于1995年5月提出研究报告和地质教育教学体系改革方案。

（2）1993年发表《关于煤炭高教中地学通才的教育问题》（《中国地质教育》），提出"地质通才"培养目标。

（3）1994年组织教师进行教育思想与教学改革大讨论。

（4）1995年4月成立资源与环境科学学院，作为校、院、系三级管理体制改革的试点单位，同时进行了实验室和系的调整改造工作。

（5）1996年1月提出《资源与环境科学学院专业大类专业方向设置论证报告》。

（6）1996年1月发表《统一思想、提高认识、努力培养通用型本科人才》一文，提出地质资源与地质工程大类培养方案。

（7）1996年在全校率先实现了按学院招生、依大类培养和“5+3”分段式教学模式。

（8）1997年在学校领导和教务处的支持下，以地球探测与信息技术学科为依托，利用地球探测与人体探测的诸多相近之处，和徐州医学院联合创办了“医学影像工程”专业方向，实现了工学和医学联合。

（9）1997年主持煤炭部“面向21世纪煤炭高等工程教育教学内容和课程体系改革计划”中的“地质类专业人才培养方案及教学内容和课程体系改革的研究与实践”项目。

（10）1997年主持江苏省“面向21世纪高等工程教育教学内容和课程体系改革计划”中的“地质类专业人才培养方案及教学内容和课程体系改革的研究与实践”和“面向21世纪医学工程人才培养模式研究与实践”两个重点教学改革项目。

（11）1997年12月，在中国地质教育协会第二届一次理事会及学术讨论会上报告“中国矿业大学资源与环境科学学院教育改革的实践与思考”，并正式发表于中国地质教育（1998No.1）。

（12）1998年九六级本科生顺利分流到5个专业方向进行学习，学生管理体制改革稳步进行。

（13）1999年、2000年重新修订教学计划，确定了更为合理的专业方向。

（14）1999年、2000年九七级本科生和九八级本科生在九六级取得经验的基础上，顺利分流到4个专业方向。

（15）2000年7月，首批教学体系改革受益者100名本科生以突出的成绩毕业，实践表明改革已经取得实质性成果。学校进行院系调整，成立资源与地球科学学院。

二、地质资源与地质工程类人才培养模式研究

（一）转变教育观念，调整人才培养模式

本项目改革的重点是要加强素质教育和创新能力的培养，鼓励学生个性

的发展。为了达到这一目标，中国矿业大学资源学院从 1996 年开始在全校率先实现了按学院招生、按大类培养的模式。围绕培养目标制订一个跨世纪的培养计划，转变教育思想、更新教育观念是关键。资源学院领导班子首先统一思想，提高认识，带领广大教职工以各种座谈会形式以及利用校、院两级教代会采用专题形式认真学习贯彻国家教委有关文件，深入开展教育思想大讨论，认清高等教育改革的形势。通过学习和讨论，绝大多数教职工在教育思想和教育观念上发生了根本的转变，思想认识逐步上了三个台阶：首先，通过认真学习和讨论教育思想，广大教职工认识到高等教育的重点是加强素质教育和提高创新能力，而不是计划经济条件下的专才培养模式，从而在教育思想和教育观念方面上了第一个台阶；其次，就我们原有专业来看，各专业有着共同的学科基础和基本原理，完全可以打通。为此，根据当时形势，我们初步提出了培养“地质通才”的目标，使全院教职工在思想认识方面上了一个新台阶。随着学习和讨论的深入，大家进一步认识到必须向地质资源与地质工程类通才方向发展，思想认识上了第二个台阶；最后，大家已充分认识到，随着改革的深入，应以地学为基础，从人类 21 世纪面临的资源耗竭、环境恶化、灾害频发和人类社会可持续发展等重大问题出发，进一步开阔思路，提出面向社会按地质资源和地质工程大类的培养方案，从而在思想认识方面上了第三个台阶。本专业大类培养目标确定为培养适应社会主义现代化建设需要，德、智、体全面发展，具有扎实的外语、计算机、数理化及力学基础，具有现代企业管理的基本知识，富有创造力和开拓精神，并具有地质资源与地质工程某一领域理论和实践工作能力的复合型工程技术人才，从而实现了由培养单一专门人才的培养模式向培养基础扎实、知识面广、能力强、素质高的复合型人才培养模式的转变。

（二）领导重视、精心组织，按照新的培养目标，制订新的培养计划

为了使制订新的教学计划工作顺利进行，学院成立了以院长曾勇、教学副院长隋旺华为组长的培养计划制订领导小组，组织和领导培养计划制订中有关调研、专业方向的设置、公共基础课和专业基础课课程体系的改革等方面的工作；各系相应成立了系级培养计划制订小组，对各专业方向课组实行专人负责制，选派业务能力强、有责任心、乐于奉献的教师负责专业方向课组和专业课的计划制订。

培养计划制订的整个过程中，广大教职工积极参与，利用周三下午的业务学习时间，以及座谈会、论证会和教代会等途径提出了很好的建议和意见。从专业方向的论证到课程体系改革每一个环节都集中了广大教职工的智慧，具有广泛的群众基础。

我们确定的培养计划的基本方针是：

（1）将热爱祖国、报效祖国的爱国教育和热爱科学事业、勇攀高峰的理想教育贯穿整个教育环节。

（2）跟踪地球系统科学的发展动态，加大教学内容和课程体系的改革力度。

（3）强化基础，注重多学科渗透。

（4）加强实践教学（实验、野外实习），充分利用现代化教学手段。

（5）加强思维训练、基本技能训练和多学科知识的综合能力训练，把提高学生的创新能力贯穿整个教育过程。

（6）遵循人才成长规律，注重个性发展，因材施教，突出特色教育。

（7）加强素质教育。

同时，学院按照“5+3”的教育模式，实施了“5+3”分段式教学，按照新的培养目标，提出三层次培养计划：

第一层次为通识课程，是地学类专业理、工、人文、社科等综合基础课程；第二层次为地学学科群基础课；第三层次为专业基础课及专业课程。

培养计划强化了素质教育，基础课、专业课比例合理，实践环节加强，同时融入了爱国主义教育和热爱专业的思想教育。

三、保持传统优势、拓宽服务领域、设置合理的专业方向

我校的地质工程专业（引导性专业目录）包含了原煤田地质与勘探、应用地球物理、水文地质与工程地质、勘察工程4个专业。这些专业是我校的传统专业，应用地球物理和勘察工程是原煤炭院校中唯一的专业，煤田地质与勘探（现矿产普查与勘探）是国家级重点学科、博士点，地球探测与信息技术（应用地球物理、地球化学、数学地质等）是我校的另一个博士点，地质资源与地质工程是一级学科博士后流动站。如何使传统优势学科专业焕发出新的青春活力，如何使它们适应社会主义市场经济的需求，这是摆在我们面前的一个新课题。为此，我们从1993年就开始了调查研究，为保持传统优

势、拓宽服务领域进行了较大力度的改革。经过多年的改革与实践，我们经历了从调整专业方向到确定专业方向组，再到学科交叉、联合办学三个阶段的改革历程，改革意识、教育思想、教育观念升华到一个新的境界。

（一）专业方向

（1）初步定位

调整和拓宽专业，既要考虑将来社会发展和市场经济的需要，也要注意新增专业的内涵应与地学之间有一定的相关性；要依靠原来学科的优势，适度地向市场经济所需要的专业拓展，既不能停步不前，也不能无限制地盲目拓宽。

经过多次的调研和论证，本着立足地学、勇于创新的原则，我们在地质资源与地质工程大类内共设置八个本科专业方向：

①煤田、油气地质与勘探；

②资源开发计算机应用；

③宝石学；

④应用地球物理及信息处理；

⑤水文、工程与环境地质；

⑥环境规划与评价；

⑦岩土工程与工程勘察；

⑧建筑基础工程施工与管理。

其中，①~③依托原优势专业煤田地质与勘探；④依托优势专业应用地球物理；⑤~⑧依托水文地质与工程地质专业和勘察工程专业。

以上专业方向的初步调整体现了以下特点：

①专业方向有基础，有特色。既立足于原有的学科和特色，又考虑到专业拓宽后新专业方向的特色；既考虑到社会的需要，又考虑到师资力量及实验设备等办学条件的可行性。

②专业方向的设置打破了院内现有各专业的界限，所设专业方向大多数是跨系的，有利于交叉渗透和形成新的优势专业方向。

③专业方向是一个开放的体系，可以随着社会需求和改革的深入，新增、淘汰或合并一些专业方向。在供学生选择时，既考虑到社会需求和学生志愿，又考虑到办学质量和效益，使每个专业方向的人数达到一定规模。

(2) 专业方向的培养目标和服务领域

①煤田、油气地质与勘探

本专业方向以煤田地质为中心，向天然气（特别是煤层气）和石油地质拓宽。本专业方向学生应系统掌握能源地质学、矿床地质学、矿产资源评价与管理的基本理论和基本知识，掌握地质调查和勘探找矿的室内外工作方法和技能，在此基础上解决煤与油气勘探、煤产地和煤矿建设中的地质问题，毕业后从事煤、油气地质和煤矿地质的设计、勘查、施工和评价等工作。

②资源开发计算机应用

本专业方向培养既有资源开发评价理论知识与技术，又有扎实的计算机技术的复合型人才，要求学生系统掌握计算机软硬件的基本知识、计算机程序设计、数据库、多媒体、地理信息系统设计、数字图像处理、资源定量评价与统计预测等基本技能和方法。毕业生能够从事包括资源开发管理在内的多种计算机应用工作（软件开发、数据处理、网络技术、办公自动化和地理信息系统等)。

③宝石学

本专业方向要求学生掌握系统扎实的矿物学、岩石学、矿床学、宝石学知识及宝石鉴定、设计、加工的基本技能，掌握宝石商贸的基本知识。学生毕业后可从事宝石勘探与资源评价、鉴定、设计、加工的技术与管理工作及营销工作。

④应用地球物理与信息处理

本专业方向学生主要学习各类地球物理方法的基本理论、观测仪器的使用、数据采集、资料的处理及解释方法，正确地运用地球物理理论、方法和手段研究解决地球内部结构、区域地质调查、煤田及油气地质资源勘查、水文地质及工程地质调查、矿井及矿山地质调查、环境评价等的地质问题，并力争取得最佳效果和经济效益。

⑤水文、工程与环境地质

本专业方向由水文地质、工程地质和环境地质组成，要求学生系统地掌握水文地质学、工程地质学、环境地质学、地质灾害学、环境工程等基本理论与应用技术，具有从事城市及矿区供水水文地质、矿床水文地质、矿井水防治、环境水文地质、建筑地基勘察、矿山工程地质、地质灾害预防与整治工作的基本技能。毕业生可服务于城市建设、环境保护、煤炭、地质矿产和交通等部门。

⑥环境规划与评价

本专业方向要求学生通过学习环境监测、环境质量评价、环境法规、环境经济学等课程，掌握水、气、土壤质量及各种污染（源）的监测与评价、环境规划与管理的基本理论知识以及环境预测和防治的基本方法和技能，并具有环境管理信息系统的建立、环境质量评价及新技术研究与开发的能力。毕业生可从事区域、城乡、矿区、企事业的环境质量监测、评价、规划和管理工作。

⑦岩土工程与工程勘察

本专业方向要求学生通过学习岩土力学、工程地质学、城市工程学、基础工程学、岩土工程监理的基本理论，掌握各类建筑地基岩土工程勘察的方法和技术，具有从事深基坑围护、基桩工程、市政交通工程设计和施工方面的知识和能力，初步掌握从事岩土工程监测、监理等方面的组织和管理知识。毕业生可服务于各类建筑设计院、城市规划部门、岩土工程公司等勘察、设计、施工、管理单位和相应的科研教学单位。

⑧建筑基础工程施工与管理

本专业方向要求学生掌握工程力学、机械设计、电路与电子技术、基础工程学、岩石力学、岩石破碎与钻进等基础理论知识，具备从事建筑基础工程勘察、设计、施工组织与管理的工作能力。毕业生可从事各类建筑工程的基础工程勘察、施工与管理，也可从事各类矿产资源的勘探施工及技术管理，服务于建筑设计院、基础工程公司、地质勘探部门和相应的教学科研单位。

（二）专业方向组

经过几年的实践，学院考虑到市场需求的变化以及地质类专业学生较少等因素，经过多方面论证，1999 年在新的引导性专业目录“地质工程”下，将原先 8 个专业方向合并为 3 个新的专业方向组：

（1）资源勘查工程——含原煤田地质与勘查、应用地球物理、水文地质等专业方向。

（2）岩土工程与勘查技术——含原工程地质、勘察工程等专业方向。

（3）资源开发计算机应用——含原数学地质、地理信息系统等学科和专业方向。

同时，将原环境规划与评价专业方向调整为环境科学专业招生。

在改革中重视现代教育技术方法。根据国际教育趋势，多媒体技术、远程教学技术促使传统教学方式发生的根本改变，就是将真正实现以学生为主体的自主化学习，而教师的职能将由知识的传授者转变为引导者、指导者。学院加强了多媒体教学，建立了多媒体教室，鼓励运用多媒体技术进行教学，并积极支持研制多媒体课件，多部幻灯片、录像等课件获省级、校级奖。

（三）以工为主，勇于创新，向医学工程领域开拓新的专业方向

根据我校应用地球物理与信息处理系的特点，我们在校长和教务处支持下发起了与医学影像学联合办学的倡议。经一年多协商和调研，我校和徐州医学院于1997年6月联合创办了医学影像工程专业方向，培养从事医学影像工程领域内的影像设备运行管理、维修保养、医学信息采集处理、科技开发、常见疾病诊断、医疗方案的制订等方面的高级工程技术人员。这一专业方向要求学生掌握模拟电路与数字电路的基本理论、计算机原理及接口技术，具有一定的基础医学和临床医学的基础知识，掌握放射诊断、超声诊断、核素诊断等各种影像诊断技术及疾病诊断的基本理论、方法和技能，掌握常见医学影像仪器设备的基本原理、结构、操作与维修保养方法，具有从事医学信息采集和处理研究的初步能力。毕业生主要面向科研院所、城市各大医院、大型厂矿企业医院等单位，从事科学研究、技术开发、医学影像设备操作和常见疾病的初步诊断工作。

这一专业方向的创立，开了我校与外校联合办学的先例，为今后扩大办学途径，开拓新的办学领域闯出了一条新路。本专业至今已招收了4届学生。

（四）以地质资源与地质工程一级学科为基础，向相邻学科发展，认真办好交叉学科的有关专业

学校战略要为国家战略服务，要面向经济建设的主战场。在我国当前提出的实施西部大开发战略，促进东中西部地区协调发展和积极稳妥地推进城镇化的战略部署中，我们不失时机地以我校原优势地质学科点为基础，以解决西部大开发水资源短缺问题、规范东西部地区城镇化建设为出发点，组建了资源环境与城乡规划管理、水文与水资源工程两个专业：

（1）资源环境与城乡规划管理专业属于地理类，我们将其定位为以地理

信息系统为手段、基于资源环境评价的城乡规划管理，下设2个专业方向：资源环境与城乡规划管理、地理信息系统应用。

（2）水文与水资源工程专业属于水利工程类，我们将其定位为以地下水为主的水资源规划管理和水资源化。这一定位与我们的传统专业水文地质相符。

（五）小结

在专业建设和拓展方面，经过多年的改革，已经形成了以下格局：

（1）依托传统优势学科，办好名牌专业——地质工程专业。

（2）促进学科交叉渗透，办好特色专业——医学影像工程专业方向。

（3）服务国家发展战略，办好急需专业——资源环境与城乡规划管理专业、水文与水资源工程专业。

四、改革课程体系，实施“5+3”分段式教育新模式

（一）“5+3”分段式教育模式

培养计划实行“5+3”分段式教学，即前五个学期全院打通公共基础课和专业基础课，为后续课程的学习和将来服务社会打下宽厚、牢固的基础，同时也提高了办学效益，后三个学期根据社会对人才的需求和个人志愿，通过学院和学生的双向选择，学生可以在本专业大类按专业方向课组、专业课和毕业设计进行三次分流，逐步定位。整个教学计划呈“树”型结构，前五个学期的基础教育阶段是教学计划的主干，专业方向课组教学是主干上的二级分支，专业课教学则是三级分支。

（二）课程体系

为实现前述培养目标，我们确定了课程体系设置的原则是“宽基础、淡化专业界限、面向21世纪和面向社会主义市场经济”，实现由单一专业的基础课向全院的基础课转变。改革课程结构，实施模块式课程体系。整个课程体系分为专业大类基础课、专业方向课组和专业课、选修课、实践教学环节、科技活动环节五部分。

（1）专业大类基础课

按照新的培养目标，前五个学期依据可持续发展的整体观和为社会主义市场经济服务的理念，主要设置理工、人文、社科基础和地学学科群基础课，突出地加强了数理化、力学、计算机、人文素质课程，按七个子模块教学，课内学时压缩至2500学时，其中公共基础课学时达到总学时的43%，专业基础课分两大类，一类是列入大类基础课中，占总学时的30%；另一类是专业技术课，占总学时的7%。使基础教育阶段学时达到总学时的80%，七个模块分别是：

①人文素质模块：针对以前工科大学生普遍存在的人文知识贫乏的弱点，我们在课程设置中加强人文素质教育，强化了本模块内容。除政治理论、创造学等必修课外，还开设“中国文化地理”“可持续发展”等选修课程；

②体育模块：大学体育；

③外语模块；

④数理化及力学模块；

⑤资源环境与地质工程基础模块：考虑21世纪的社会需要，贯彻可持续发展理念，强调整体观、持续观、社会道德观，促使同学们形成经济、社会、环境协调发展的科学意识；

⑥计算机技术模块：针对以前计算机教学“重理论、轻应用、重培育、轻操作”，学生动手操作能力差的特点，在课程设置中有所调整，并积极创造上机条件，几年中新增计算机80台，机房管理也转变为开放管理；

⑦管理模块：21世纪对人才有了更高的要求，将来的人才要有竞争意识、创新意识和管理能力，文理共通，一专多能，为此，我们设置了本模块。

（2）专业方向课组及专业课

根据各专业方向的特点，进一步加强基础，每个课组中有部分的课时（占总课时的7%~8%）是不便全院打通的，仍属专业基础课性质的课程，例如煤田、油气地质与勘探专业方向的矿物学、岩石学、地层古生物学、构造地质学；再如建筑基础工程施工与管理专业方向的机械设计基础、金属工艺学、有机高分子化学等。专业选修的比例占总学时的15%，另外还有5%左右的人文方面的选修课。为了适应21世纪社会对人才的需要，提高学生的环境意识，我们将“环境学导论”作为专业大类基础课开设，这与教育部开展“大学生环境教育”的思路相吻合。

（3）重视实践教学，提高实际应用能力

理论教学课时减少到2500学时左右，实践教学增加至49周。实践环节特别是实习环节是培养学生综合素质的一个重要途径，对提高学生的实践能力尤为重要。学生在实习中不但可以学到专业知识和提高观察问题、分析问题、解决问题的能力，而且可以学会怎样与人打交道、怎样接触社会，增强适应社会的技能。本专业大类的学生要经过三个阶段野外实习训练，即基础教学阶段野外实习、生产实习和毕业实习。

（4）加强素质教育，培养创新能力和综合能力

为了提高学生的科学素质，开拓知识面，我们在教学计划中增加了1个学分的“学术活动”，要求学生在校4年间听30学时左右的学术讲座，在此基础上在高年级学生中开展研究训练与科技论文写作训练。九六级学生在第三学年就自己感兴趣的专题写出科技小论文，并编辑印刷了第一本本科生科技论文集，这一做法受到学校领导的重视并在全校推广。为了培养学生的社会责任感，引导学生毕业后更好地服务社会，我们在社会支持教育、教育回报社会的思想指导下，组织开展了“980志愿者”服务活动，取得了良好的社会效益，学生受到多方面锻炼，为进入社会打下了基础。

五、学生分流与专业方向选择实践

按照“5+3”教学模式，学生在第四学期选择专业方向，第五学期过渡到专业班。由于采取阶段教育方式，第五学期进行专业基础教育，第六学期进入专业方向教育，因此，第四学期的分专业方向则成为探索“5+3”办学模式的关键。学院在1998年首次开展这一工作，我们采取了一系列工作步骤，制定了成套的政策、制度和实施细则，顺利完成了学生分流到各个专业方向的工作。

（一）九六级专业（方向）分流工作

（1）领导重视，政策合理

学院成立了选择专业方向的领导小组，设立了由教学副院长为组长的教学工作小组和总支副书记为组长的学生工作小组。多次召开党政联席会议和系主任会议，对各系供学生选择的专业方向进行审查，对它们的教学设备、师资、教学计划和教材、讲义等进行审核。同时，召开教师座谈会和学生座谈会，在广泛征求意见的基础上，根据实际情况，制定了《资环学院关于九

六级本科生专业（方向）选择原则意见》《资环学院关于九六级本科生专业（方向）选择实施细则》《资环学院九六级本科生填写“选择专业（方向）申请表”的规定》等一系列政策和制度。

（2）教学工作小组先行一步，精心策划

继党政联席会议之后，各系多次研究，根据本系师资力量、教学设备、教学条件等，提出拟开设的专业（方向），并提交了拟开设专业（方向）申请表，拟开设专业（方向）的全部教学环节（包括课堂教学、实验教学和实习教学）的教学大纲，各门课程教材、讲义、实习指导书等的落实情况，拟开设专业（方向）各门课程的任课教师名单，拟开设专业（方向）目前还缺少的教学条件及解决办法，对选择本专业（方向）的学生的基本要求和可接纳的学生人数等。

（3）更新学生学习观、择业观，认真做好细致的调研工作

为了做好学生思想工作，学院首先组织学生观看有关高教改革的录像和听取国家教委高教司钟秉林司长的录音报告，引导学生树立正确的学习观和择业观。其次，组织首次问卷调查，将学生最感兴趣、最关心、与自身利益结合最紧密的问题进行总结，将学生最想选的专业（方向）进行整理统计，报党政联席会议，供领导和各系老师参考，为教学工作小组提供下一步工作的依据。再次，请各专业（方向）指导老师进行专业介绍，将各门学科进行横向和纵向对比，分析今后就业形势；讲解各专业师资力量设备、办学条件、所开设课程，为学生填报志愿增加透明性，为学生选好专业（方向）提供参考。最后，进行第二次问卷调查，将学生预选专业（方向）进行统计，报党政联席会议讨论，以备最终确定开设的专业（方向）和所能接纳的学生数。

（4）工作细致，措施得当，大胆实践，勇于创新

在各项工作准备就绪后，学院将有关选择专业（方向）的原则、意见、细则、规定、专业设置等制度政策条例以书面的形式发到每位学生手中。同时又留给学生一周考虑时间，便于学生与家里联系，并征求家长的意见，以便分析自己的客观情况，认真填写“选择专业（方向）申请表”。与此同时，两个小组负责人与每位同学进行谈话，加强思想政治教育引导，保证学生双向选择工作的顺利进行，并根据院里的有关规定对个别选择人数极少的专业（方向）进行调整和合并，征得每位同学的同意，力争使工作做到细处、落到实处，在学院学生双向选择的原则上，满足学生的第一志愿。

经学生填报志愿，学生工作小组审核，党政联席会议批准，有关人员签章，选择结果以文件的形式下发各系、中心实验室。

1998 年首次选专业（方向）工作，历时 31 天，与学生谈话 160 余次，问卷调查 3 次，参与教师 40 余人，既保证了学校的稳定及各项教学工作正常进行，又考虑了每位学生的志向和意愿，整个工作紧张、有序、正常、圆满。有 91 人满足了第一志愿，43 人感到非常满意，占 42.4%，55 人感到比较满意，占 55.6%。我们的体会是：领导重视、政策合理是做好“5+3”教学改革的保证；教师支持是做好“5+3”教学改革的关键；学生认真慎重是做好“5+3”教学改革的基础。

（二）经验推广

由于九六级专业（方向）分流工作细致、措施得当、政策公开，通过认真总结这次取得的宝贵经验，为以后的专业（方向）分流工作奠定了良好的基础，所以在 1999 年、2000 年九七级和九八级的专业分流工作进展顺利，该项工作的经验也已被兄弟院系借鉴。

六、完善培养方案和配套改革

（一）培养计划不断完善

从 1996 年正式按专业大类招生以来，随着对教育思想的讨论和教育观念的不断更新，教学改革不断深入，成果不断深化，为了将每一步改革的成果物化到教学过程当中去，我们今年来连续 5 次修订教学计划，至 2000 年版形成相对稳定的培养方案和较为完善的教学体系，见图 1。

（二）系级教学与科研实体的改革与调整

本着既保持原有的特色和内在联系，又符合当前改革大潮的形势，我们将原先的 10 个教研室归并为 6 个系：

①资源科学系；

②地球信息技术系；

③水文学与水资源系；

④地质工程系；

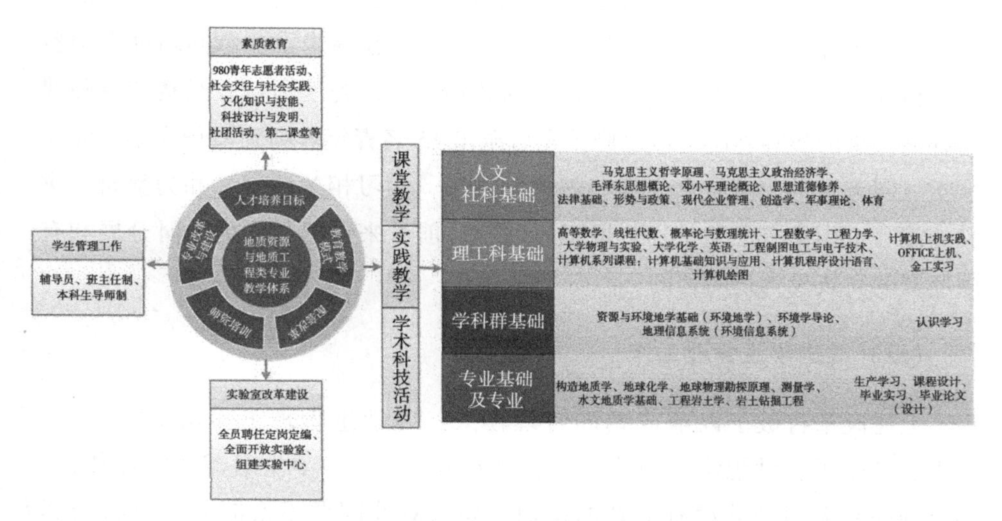

图1　地质资源与地质工程类专业教学体系框图

⑤地理系；

⑥医学影像工程系。

这种归并有利于学科的相互交叉和渗透，有利于学科的发展和拓宽，使传统优势学科焕发新的活力，同时为学科的发展构筑了有利的平台和发展空间。

（三）实验室的调整和改造

改革前，资源学院设有9个实验室，我们将其合并为一个中心实验室，从而实现了实验室人员、设备、用房由学院统一调配的最终目的，调整了实验室用房，合并了一些类似的实验室，不仅提高了设备利用率和房屋使用率，而且提高了用人效率。同时，为适应新专业方向的设置，实验室腾出房屋，抽调人员积极准备和筹建新专业方向的实验室，并派出人员外出学习参观，为教学改革和新教学计划的实施作出了积极贡献。目前实验室定岗定编和全员聘任工作已经完成，综合性、设计性和创新性实验也在初步展开。

（四）提前开展教师的培训、再学习工作

由于教学改革的步幅较大，课程体系基本是重新组建的，同时还开设了

一些新的专业方向，因此教师的知识更新、拓宽，甚至重新学习对今后的教学工作是十分必要的，而且必须提前进行。在学校尚未设立教师培训专项费用的情况下，资源学院做出决定并得到教师支持，先使用行政经费和教师课时补贴费资助教师外出学习进修，先后派出15名青年教师到清华大学、北京大学、同济大学、南京大学等名牌大学进修，学习相关课程，并为教材、讲义的编写工作奠定了基础，争取了时间。目前看来这项工作的及时开展和有限经费的高效投入是明智的。

（五）改进学生管理工作

上述改革打破了以前成熟的管理模式，为学生管理工作增加了难度，学生也产生了各种想法，如前5个学期无明确专业，学生对需要学习什么、学了到底有无用处等没有清晰的认识，如果对此问题不及时解决，将会影响到学生进一步的学习。为此，学院把强化学生思想工作作为党政联席会议重要议题定期讨论，及时掌握学生思想动态，并采取相应措施解决；探索出院学生工作小组、辅导员、班主任和教师同时协调做学生工作的新路子，设立了本科生导师制，增加了专业的管理参与程度，多开知识讲座，让教师参与做学生的思想工作，多年来的工作成果证明这一举措是非常成功的。

七、改革取得的显著效益

本课题经过6年的改革实践，取得了显著的社会效益和教育效益。

（1）通过课程体系的优化，改革和调整了大部分课程内容，学院教师为此撰写了一批教材和讲义，以适应教学改革的需要，例如编写了《工程地质计算》《水文地质基础》《古生物地史学》《专门水文地质学》《能源地质学》《资源与环境地学基础》《岩土钻掘工程学》《岩土工程监理》《矿藏描述与数值模拟》《医学影像工程专业外语》《环境规划与管理》《环境地质学》等，以及一批实验指导书。

（2）为了适应专业改革与拓展，连续几年来，学院超前开展了教师的培训和深造工作，一批教师先后到清华大学、北京大学、南京大学、河海大学、北京师范大学、西安交通大学、同济大学等国内名牌大学进修，同时还引进了一批相关专业教师。学院为了培养高水平的本科人才，加强师资队伍建设，鼓励教师在职攻读硕士和博士学位，提高学历层次。到目前为止，资源学院教师中有博士学位的有 19 人，占教师总数的 38%，占 45 岁以下青年教师总数的 42%；有硕士学位的有 41 人，占教师总数的 82%，占 45 岁以下青年教师总数的 89%，已经形成一支年龄结构、职称结构、学历结构合理的、高水平的师资队伍。学院在“九五”期间获得国家科技进步奖三等奖 1 项、省部级奖 20 项；获得国家级图书奖 1 项，省部级专著图书奖 3 项；获得国家级教学成果二等奖 1 项，省部级教学成果、教材、课程奖 10 项。

（3）学生基础知识扎实。近年来，该专业大类学生在国际、国内有关大赛中多次获奖。该专业学生有 2 次获得国际数学建模比赛一等奖，2 人次获得国家数学建模比赛一等奖，1 人次获得江苏省第二届大学生电脑大赛二等奖，1 人次获得江苏省高校非理科专业第五届数学竞赛二等奖，6 人次获得成功奖。其中张敏等的论文被清华大学主办期刊《数学认识与实践》2001 年第 1 期录用发表。该专业学生参加全校基础课竞赛成绩显著，在新世纪基础系列大赛中获一等奖 5 人次、二等奖 12 人次、三等奖 22 人次，总成绩名列全校第二，在全校英语比赛中获得二等奖和三等奖各 2 人次。在 1999 年校科技文化节中有 10 人获得各种奖励。

（4）毕业设计（论文）质量明显提高。2000 届学生是资源学院按院招生、按大类培养的第一届毕业生。学院领导、全体教师的共同关注以及学生自身的努力，使得该届学生毕业设计（论文）的总体质量较高，并表现出以下特点：①设计选题新颖、覆盖面广。结合科研和工程实际的课题占 93%。②学生的独立工作能力、解决问题与分析问题能力普遍较强。这表现在现场实习、数据采集、资料收集、整理、资料检索、独立分析问题、解决问题的能力、新方法和新技术的应用等方面。例如，岩土 96 级学生张国庆现场实习参加徐连高速公路底基层和基层的实验与检验，全部工作在工作单位完成，在这一专业课中基本未涉及的领域做出较好的设计。煤田、油气地质与勘探专业方向的 8 名同学对淮南、淮北煤层气资源的评价成果和结论直接被科研所采纳。③在毕业设计中普遍使用计算机。绝大多数学生能够使用计算机进行图件绘制和计算。

（5）毕业生需求逐年增加。近年来该专业大类毕业生供需比例见表 1。

表 1　**毕业生供需比**

毕业生届别	1996	1997	1998	1999	2000
供需比	1 : 1.44	1 : 1.45	1 : 1.79	1 : 2.3	1 : 3.0

八、主要成果与水平

本项教改工作历时八年多，现已初见成效，其主要特色成果与水平表现有以下几方面：

（1）从我国高等地质教育的实际（特别是煤炭高等地质教育的实际）出发，顺应 21 世纪地球科学的发展趋势，以转变教育观念为先导，提出了地质资源与地质工程类本科人才的培养目标及培养方案和规格。我们牵头修订的三个工科地质类专业目录已被国家教育部在 1998 年颁布的专业目录采纳。

（2）提出并实现了本科生按大类招生和培养的“5+3”分段式教育模式。在课程设置方面加强基础、淡化专业界限，制订了相适应的教学计划。

（3）建立了适应“5+3”分段式教育模式的模块式课程体系。教学环节由专业大类基础课、专业方向课组和专业课、实践教学等构成。将素质教育和创新能力培养贯穿于教育全过程。

（4）改革成果既保持了传统优势学科，又在原先基础上拓宽了学科领域而设置了独具特色的弹性专业方向。同时，向医学拓展，创办了学科交叉型的“医学影像工程”专业方向，为培养理工医学结合的复合型人才走出一条新路。

（5）九六级至九八级本科生顺利实现了按专业方向的分流，表明宽口径进，小口径分流的“5+3”模式是可行的，得到学生的积极响应和参与、为今后进一步深化改革奠定了良好的基础。而在学生分流与专业方向选择过程中新采取的一系列工作方法也是成功的、独具特色的，有推广价值。

（6）改革的第一批受益者 2000 届毕业生在新的培养方案实施中取得优异成绩。毕业生以其宽广的基础、较强的能力和良好的素质深受用人单位欢迎。

本成果在全国地矿类院校（系）产生较大影响，已被煤炭高校地质学改革所引用或借鉴。该成果具有重要的推广价值，并将对深化我国高等地质教育改革和高教研究将产生深刻的影响。

（本文为面向21世纪的地质资源与地质工程类专业教学体系改革与实践教学成果的总结报告。该成果获得2001年国家级教学成果一等奖，获奖人员：曾勇、隋旺华、刘焕杰、董守华、韩宝平）

煤炭资源勘查与开发地质学科建设成效与展望

隋旺华　曾　勇

一、煤炭资源勘查与开发地质学科建设是煤炭工业可持续发展的重要前提和保障

能源是我国可持续发展需要解决的首要瓶颈问题[1-4]。煤炭在我国一次能源结构中占据主导地位，目前占全部能耗的68.8%，这种格局在21世纪前半叶不会发生实质性变化，预计2020年仍将占到60%左右。煤炭工业又是一个高风险的行业，煤炭百万吨死亡率居高不下、重特大事故频繁发生，复杂的地质条件是造成灾害性事故的根本原因[5]。在“九五”期间，中国矿业大学通过承担“211工程”重点学科建设项目“煤田地质与勘查”，取得了“煤炭与煤层气资源综合勘查理论与技术”标志性成果，建立了中国煤层气成藏理论的基本框架，发展了煤矿采区资源综合探测理论与技术，建立了矿井岩溶水综合防治及西部保水采煤地质环境的理论与技术。

“十五”以来，国民经济持续快速发展对煤炭资源的保障供给提出了新的更高要求，与煤共生的煤层气资源的商业开发在我国遇到很大困难，又造成频发的瓦斯灾害；深部开采和近松散层开采的地质环境恶化，矿井地质灾害严重，由于对煤炭资源的勘查与地质灾害探测防治的技术储备不足，同时由于缺乏有效的信息管理平台，各矿区勘探、生产阶段海量地质信息资源浪费严重。因此，注重发展深部煤炭资源及与煤共生煤层气资源的综合勘查理论与技术，以煤的可洁净特性为核心开展优质煤地质基础理论与勘查技术研究，

以确保煤矿生产安全为目标提高地质灾害的预测预报水平，并建立基于网络的多元地质信息服务平台，不仅是保障我国煤炭资源充分供给和减轻矿井地质灾害、保障安全生产的客观需要，也是实现国家能源安全战略的重要保障。经过国家发展和改革委员会批准，“煤炭资源勘查与开发地质”列为中国矿业大学“十五”“211 工程”重点学科建设项目。

二、煤炭资源勘查与开发地质重点学科建设的总体目标及建设成效

项目的总体建设目标是：以地球系统科学和地球空间信息科学理论为指导，综合运用煤田地质、地球物理、地球化学和水文工程地质等多元化地质信息，在深部煤炭资源及煤层气勘查理论与技术、优质煤地质基础理论、矿井地质灾害预报与监测预警系统、“数字矿山”地学信息集成系统方面达到国际先进或部分国际领先的水平。

主要任务是：①建立中国高煤级煤及西部陆相盆地低煤级煤共生煤层气成藏理论，提出适合中国地质条件的煤层气开发技术，达到国际先进水平。查明煤中有害物质的时空分布规律和地质控制机理，提出具有国际先进水平的煤洁净潜势评价方法体系，并开发出相关的勘查技术。②建立深部开采综合地质勘查理论与技术体系，发展和完善煤田地球物理勘探理论与技术，并在矿井地球物理勘探与矿井地质信息一体化等方面达到国际先进水平。③完善矿山地质灾害预报理论与方法，在深厚土层开采工程地质灾害研究、矿井水害监测预警系统研究和矿井水害防治技术方面达到国内领先水平。④构建基于网络的地学信息服务系统，实现煤炭资源勘查与开发地质资料的信息化、数字化和可视化。

在实现上述目标的同时，建设煤炭资源勘查与矿井地质灾害防治高水平实验室或工程中心。

经过“十五”期间的建设，本学科领域在重要研究方向取得了具有创新性的理论成果和技术，并应用于工程实践，取得了显著的社会效益和经济效益。

例如在煤层气和优质煤地质研究领域，在“211 工程”支持下，通过国家“973”项目和国家自然科学基金等项目的研究，深刻揭示了煤储层中煤—水—气三相耦合、多组分流体耦合的物理化学过程及其与煤层气储集之间的

作用机理，构建了我国煤层气资源精细评价和开采地质条件预测的理论体系；系统进行了煤中主要有害物质的赋存、分布与地质控制机理的深入研究，揭示了煤中有害物质在洗选、燃烧中的迁移行为与煤的可洁净特性，为优质煤成矿与勘查理论的建立奠定了基础。

在煤田地球物理勘查领域，建立了开放的岩性地震勘探实验室，研发了SD-Ⅲ矿用瞬变电磁仪和井-地电阻率系统。利用地震反演技术实现了煤田地震勘探从构造勘探向岩性勘探的重要推进，研发了煤矿地震数据解释管理系统，以矿井瞬变电磁法和电阻率法为主的探测技术为矿井水害防治提供了更加准确的物探手段，并取得显著的社会效益和经济效益。

在矿井地质灾害研究领域，引进了GDS土高压三轴实验系统，对深厚土层工程地质灾害和矿井地质灾害问题，如地裂缝灾害、水砂突涌形成机理与防治、水体下安全开采工程地质模型等进行了深入研究，在深部土体的结构强度、深厚土层场地稳定性的岩土工程勘测评价技术和松散层下开采预防水砂突涌保障安全开采等方面取得重要进展。建立了矿井顶底板突水中长期预报模型，完成了矿井水害监测预警预报系统的基础理论研究；开发了深部矿井孔-裂隙双重介质防渗化学灌浆材料及工艺，解决了深井微裂隙岩体渗漏治理的工程难题，在全国60多个矿井推广应用，产生了重大的经济效益。

在数字矿山多元地质信息集成研究领域，建成了多元地质信息集成实验室，为构建基于互联网的多元地质信息共享平台提供了技术支持。

通过建设，基础研究科技创新能力实力增强，应用研究稳步发展。“十五”以来，共承担国家级项目29项、省部级项目25项。其中国家“973”项目二级课题和专项课题3项，国家自然科学基金重点项目2项，面上项目15项，国家重大产业技术开发专项、国家技术创新项目、国家科技成果重点推广计划项目、国家发改委地质灾害专项等5项，国际合作项目1项；总科研经费达到4000万元。“十五”期间，科研项目获得国家级科技进步二等奖2项，省部级自然科学一等奖1项，省部级科技进步特等奖1项、一等奖1项，共获得省部级科技进步奖励21项。教学改革取得重要成效，获得国家级教学成果一等奖1项、省部级教学成果特等奖1项、省部级教学成果二等奖四项。地质工程专业被评为江苏省品牌专业。公开出版学术专著18部、教材3部。学术论文中SCI收录21篇、EI收录72篇、ISTP收录18篇；30余人次参加国内外学术会议、出国学习和开展合作研究。

通过建设，师资队伍建设和人才培养成效显著。形成了2名“长江学者”、20名教授和20位副教授组成的结构合理的学术队伍。其中有首届国家级教学名师和李四光地质奖教师奖获得者1人，教育部优秀人才支持计划、江苏省“333工程”等省部级人才培养计划培养对象7人。主要学术带头人中有10人在国内和国际学术组织中担任重要学术职务，7人获得国家和省部级各类人才荣誉称号。地球探测与信息技术学科梯队被评为江苏省优秀学术梯队，化石能源地质被评为校级创新团队，资源科学系被评为校级优秀教学科研群体。毕业博士生28人、硕士生103人，在读博士生44人、硕士生220人。有2篇博士学位论文获得江苏省优秀论文奖，1篇硕士论文获得江苏省优秀硕士论文奖，3人获得江苏省研究生创新基金资助。

通过建设，学科建设取得重要进展，学科基地实现零的突破。“十五”期间新增1个地质学一级学科博士点和硕士点，新增5个二级学科博士点，新增固体地球物理学、水文学与水资源工程等4个二级学科硕士点。地球探测与信息技术学科梯队被评为江苏省优秀学术梯队。建成了设备较为齐全和先进的煤层气与物质结构实验室、物探综合实验室、土的高压三轴实验系统，成为批准立项建设的“煤炭资源与安全开采”国家重点实验室的重要组成部分。

三、煤炭资源勘查与开发地质重点学科建设项目的标志性成果

通过“十五”期间的建设取得了优质煤炭/煤层气评价理论与地震岩性解释技术、矿井水害综合探测与治理技术两项标志性成果。

优质煤炭/煤层气评价理论与地震岩性解释技术针对煤炭和煤层气资源深部勘探评价理论与技术的国家需求，以国家973计划、国家自然科学基金重大项目等44项国家级项目为依托，取得了原创性显著的研究成果。包括三个方面：

（1）煤炭资源洁净性评价理论与技术方法。首次在全国煤炭探明储量范围内确定了煤炭资源的洁净等级，参加编制完成我国第一幅《中国煤炭资源洁净等级分布图》（1∶200万），为国家煤炭资源开发和洁净煤技术布局的宏观决策提供了重要依据。

（2）中国煤层气成藏动力学理论。重点针对“含煤层气系统弹性能系统及其耦合控藏效应”这一核心科学问题，从“地质动力学因素及其耦合效应”

这一新的思路开展研究，取得了原创性基础研究成果。

（3）煤田及煤层气藏地震岩性解释技术。研发出三维三分量地震岩性解释技术以及煤矿地震数据解释管理系统，实现了煤田地震勘探从构造解释向岩性解释的重要转变，为推进我国煤田地质勘探技术进步作出了重要贡献，并在应用中取得显著的经济社会效益。

研究成果受到国内外煤层气地质界的高度关注，在国家973煤层气项目的历次评估中均被评为优秀成果，秦勇教授应邀担任“香山科学会议（煤层气）”执行主席；中国煤层气有利区带“递阶优选”的方法体系应用于全国115个煤层气目标区的优选评价，取得了重大社会效益，在沁水盆地等地已经实现了商业开发。

矿井水害综合探测与治理形成了从煤矿水害综合探测、信息处理、预报到治理的系统技术。

在煤矿水害探测方面，建成了拥有国内先进水平仪器设备的物探实验室；将瞬变电磁法应用于煤矿井下，开发研制了井-地三维电阻率成像系统，成功地把各种地球物理方法用于预测煤矿突水等地质灾害，建立了我国煤矿水害预测预报的综合物探技术体系。

应用GIS对空间数据进行复合处理的能力，在峰峰、邢台、兖州等矿区建立了各种不同水文地质条件下的顶底板突水预测模型，基本可实现矿井突水的中长期预报。研究确定了矿井突水的前兆因素及实时监测的可行性，从而为通过前兆因素的参数变化监测来预报矿井突水（特别是临突预报）和预警系统的建立奠定了基础。

优化并开发出适用于深井微裂隙岩体和难灌注松散层防渗注浆化学新材料和新工艺，解决了深井微裂隙岩体渗漏治理的材料和工艺难题。

利用矿井瞬变电磁法探测煤矿工作面顶板、底板及巷道掘进前方的隐伏突水构造，在多家单位得到应用。利用GIS工程地质决策模型在山东大统矿业公司含水层下安全开采决策中，解放储量1000多万吨。深井微裂隙岩体防渗化学注浆技术已在国内许多矿山得到推广应用，包括千米深井微裂隙水渗漏治理和迄今国内煤矿最大井下水闸墙防渗治理等艰难复杂治水工程，使我国煤矿固砂堵水、微裂隙岩体防渗技术取得重要进步。

四、结论

煤炭资源勘查与开发地质学科的建设对于煤炭工业可持续发展和矿井安

全生产具有不可替代的作用，通过“十五”期间的建设，形成了“优质煤炭/煤层气评价理论与地震岩性解释技术”和“矿井水害综合探测与治理技术”两项标志性成果。学科实力、科技创新能力、人才培养水平进一步增强，师资队伍建设取得重要进展。“十一五”期间，该学科将更加重视煤炭资源保障和矿井安全开采的地质保障建设，从煤层气成藏与瓦斯突出地质动力学机制、煤炭流态化开采、煤炭资源增储和再开采地质工程技术、煤矿水砂突涌灾害探测评价和预测预警技术等方面加强研究，为国家在新世纪、新阶段的发展作出应有的贡献。

致谢：本文是对中国矿业大学“十五”期间“211 工程”重点学科建设项目的工作总结，感谢为项目建设作出突出贡献的各个子项目负责人：姜波、桑树勋、崔若飞、刘树才、姜振泉、孙亚军、杨永国、谭海樵等教授。

◎ 参考文献

[1] 杜祥琬．中国能源的可持续发展之路 [J]．求是，2006 (22)：36-39.

[2] 曹代勇．加强煤炭资源地质科学研究确保国家能源安全 [J]．中国矿业，2004，13 (11)：5-7.

[3] 李盛霖．立足国内，节约优先，促进中国资源可持续发展 [J]．今日中国论坛，2005 (10)：19-21.

[4] 韩德馨，彭苏萍．我国煤矿高产高效矿井地质保障系统研究回顾及发展构想 [J]．中国煤炭，2002，28 (2)：5-9.

[5] 徐红．地质工作是煤矿安全的基石 [J]．西部探矿工程，2006 (7)：120-122.

基金项目：教育部新世纪优秀人才支持计划 (NCET-04-0486)、2005 年江苏省高等教育教学改革研究项目 (270)、江苏省高等教育协会“十一五”教育科学规划课题 (js054)、中国矿业大学教学改革与课程建设项目 (200616)。

(原刊于《中国地质教育》2007 年第 2 期，第 38-41 页)

新工科背景下地质工程学科与专业建设和调整探讨

隋旺华　董青红　杨伟峰　孙如华　马荷雯

当前，随着新能源、新材料、新技术等领域取得的巨大突破，世界上许多国家开始工科新体系的建设和人才培养，以适应当前世界经济、技术等领域对人才的需求。2017 年 2 月 20 日和 6 月 16 日，为深化工程教育改革创新，应对新一轮科技革命和产业变革的挑战，推进新工科的建设与发展，教育部高等教育司发布了《教育部高等教育司关于开展新工科研究与实践的通知》，开启了新工科的研究和实践。2018 年开始实施首批“新工科”研究与实践项目，并聚焦世界科技前沿领域，推进高校科技创新能力建设，实施了《高等学校人工智能创新行动计划》[1-3]。2020 年 5 月，为了加快具有前瞻性交叉思维的科技创新人才的培养，教育部又制定了《未来技术学院建设指南（试行）》，决定在高等院校培育建设一批未来技术学院。

地质工程学科和专业如何在新工科背景下，服务新经济和新产业，推动现有地质学科和专业的改革与创新，改造和发展地质工程学科和专业，加快地质类新工科人才培养，建立具有国际竞争力的地质新工科学科和专业，以培养出工程实践能力强、创新能力强、具备国际竞争力的高素质人才，这是地质工程教育领域对国际工程教育改革发展必须做出的本土化的回应。

一、现状及趋势

1867 年和 1895 年设立的福建船政学堂和天津中西学堂分别开创了中国工程教育的专科和本科教育。1909 年京师学堂首先设立了地质学学科门类，奠定了我国地质学教育的基础。1909 年设立的焦作路矿学堂，展开了地质学科的教学。100 多年来，我国地质学科在一代又一代地质学家和地质教育工作者的努力下不断发展。目前，地质工科设有一级学科地质资源与地质工程。除了原来设置的矿产普查与勘探、地球探测与信息技术、地质工程 3 个二级学科以外，许多高校和研究机构又自设了诸如地球信息科学、地下水科学与工程等二级学科。经过多年的学科建设、发展和调整，实现了从单一学科门类向多学科交叉发展的转变，目前已经形成较为完整的地质工科学科和专业教育体系，为国家建设培养了大批优秀人才。

我国高校教育在相继实施的“211 工程”“985 工程”等重点建设计划之后，为继续有效推动中国大学整体水平的提升，提出了以质量为核心的一流大学与一流学科建设工程。在“双一流”建设和“新工科”建设共同推动下，地质工程学科和专业为实现可持续发展、满足经济社会发展要求，需要深入进行学科专业调整升级和人才培养模式的改革[4,5]。

新形势下地质新工科表现出长期性、多元性、应用性和国际性等特征。长期性表现在地质新工科需要在立足传统学科基础之上，不断融合新兴科学技术，从教育理念、人才培养模式以及教育机制等方面，持续地做出相应的调整与创新，以适应不断变化的国际经济、科技和人才环境。多元性表现在，地质新工科采取跨学科专业的交叉和融合教育平台和模式，为适应地质产业与其他产业的交融与整合，突破原有的行业界限，适应新的地质产业发展与挑战，这也是当今经济、产业发展对于地质学科建设提出的新要求。应用性表现在地质新工科教育更侧重地质行业的实践和应用，在未来的地质工程师人才的素养与能力培养中，更加注重前沿理论知识与实际技能的结合，注重创新性实践课程体系的建设。国际性要求地质新工科建设过程中，加强国际的交流与合作，及时了解与掌握科学技术进展、新业态的发展趋势，搭建国际校企、研究所的合作交流平台，对内促进地质工程学科教育院、校间合作交流，实现资源共享，以提高地质新工科面向未来的国际竞争力和影响力。

总之，新工科背景下对地质工程的学科建设和人才培养提出了新的要求，我们要积极回应国家的战略需求，拓展地质新学科、新专业和新方向。中国矿业大学地质资源与地质工程学科和地质工程专业，聚焦国家发展新技术、新产业和新能源需求，在矿产资源开发学科领域向深地开发、深部构建、深度利用、新能源等方向延伸，力求为智能地下工程、智能采矿、地下工程安全等学科专业发展和人才需求，提供地质工程保障，实现地质工科人才培养与新兴产业紧密联合，提升学科和专业的核心竞争力。

二、地质新工科学科和专业探讨

地质新工科需要立足于传统地质学科体系，突破原有的学科界限与学科划分，与多学科交叉融合。以“创新、协调、绿色、开放、共享”的发展理念为指导，服务国家重大战略，包括创新驱动发展、“一带一路”、“互联网+”等，调整与设置相关地质新工科学科与专业，培养地质卓越工程人才。通过信息科学、智能科学与传统地质工程学科和专业的渗透、交叉和融合，探索地质工程学科专业升级改造的途径和人才培养的新模式，采用创新的教学方式构建起新的地质学科专业教学支撑体系和教学平台。

地质新工科可以在对传统地质学科升级改造的基础上，从以下三个方面进行拓新：

（1）设立与大数据、人工智能、智能化设备相结合的学科方向。

（2）设立与能源开发、深地资源开发相结合的学科方向。

（3）设立与宜居地球、安全地质、健康地质相结合的学科方向。

在地质新工科专业设置方面，对传统地质工程专业进行转型升级，一方面利用人工智能、大数据等新技术使传统地质专业更加信息化、数字化与智能化，形成数字地质、智能地质工程等专业方向；另一方面，与其他学科领域相结合，开设符合当前国家战略要求的新的专业方向，例如，结合矿山安全和生态领域“低死亡、低伤害、低排放”的要求，开设安全地质、生态地质等新工科专业方向。

面向人工智能、大数据、云计算、物联网等新技术发展对地质工程专业的渗透和影响，中国矿业大学地质工程专业2020版的人才培养方案开设了智能地质工程方向。制定了专业培养目标，建立起了智能工程地质专业新的课程体系和教学内容，基于矿业地质的优势与特色，服务矿业开发和安全需求，致力于人工智能等新技术与传统地质工科相结合，计划通过第一届学生培养的实践对该方案进行优化与总结。课程体系设置包括了通识课程、地质学科基础课程、人工智能基础课程、地质学科与人工智能等新兴学科交叉课程。通识教育应根据新工科专业突出学科交叉性的特点和产业发展需求，进一步增加管理、经济、人文、健康和法律等相关基础课程。地质基础课程应结合当前国际地球系统科学、深时深空深地地球科学进展，增加学科前沿课程。人工智能等新技术课程要加强大数据、模拟仿真、检测与控制以及智能方法与设备等，为学生进一步发展和学科交叉打下一个比较好的基础。交叉学科要根据地质产业发展，结合学校定位和人才培养特点，开设诸如数字地质工程、太空地质资源探测、安全与健康地质、对地观测等特色课程。为了更好地突出矿业学科优势，努力引导学生选修智能采矿导论、城市地下工程、大数据可视化、人工智能控制等相关课程，我们期望努力制定出基于产出导向的认证理念和符合新工科要求的智能地质工程专业人才培养方案、课程体系和人才培养模式，形成一系列新的专业方向的教学特色资源，完成传统工程地质到环境工程地质，再到智能工程地质人才培养的转变。

三、地质新工科研究生培养模式探讨

传统地质工程研究生培养模式基于学科逻辑，其价值指向教师中心地位和知识传授，难以适应新形势下对工程人才的挑战和需求，而要培养适应和引领新地质产业需求的新工科人才，需要对传统的地质人才培养模式进行深刻的变革和创新[3]。地质人才培养不能仅仅注重本土化，更要注重国际化、全球化，从素质、知识和能力进行跨学科专业培养，以解决行业重大科技和工程问题为导向[6-9]。

新形势对地质新工科研究生培养模式提出新的要求。首先应注重学生的素质培养，培养学生的责任感与敬业精神的同时，要注重对学生跨学科、跨平台合作精神的培养，注重对学生职业操守的培养，并将地质领域从业职业操守、准则、工程伦理融入日常教学和研究，使学生在具备扎实的专业技能基础上，树立正确的价值观和良好的从业资格。其次，注重对研究生科学方法论的培养。按照国务院地质资源与地质工程学科评议组制定的核心课程大纲要求，注重对博士生和硕士生科学方法论的培养，牢固树立唯物辩证观，以地质历史演化论、人地协调观、可持续发展观等指导学生的研究工作。再次，开发新工科研究生培养的教学资源，例如地质工程基础、智能地质工程的线上、线下、混合式、虚拟仿真课程、配套教材和实践环节，以学生为中心，吸引生产和研究单位参与智能地质工程专业研究生的培养和实践训练，形成数个智能地质工程实习基地。培养研究生在资源、管理、科技等方面的复合技术能力，在工程实践过程中的创新能力、交流能力、协调能力以及知识迁移能力等[10-12]。最后，组建跨学科教学团队，着力培养知识获取方法，授人以鱼，不如授之以渔，使学生具备“学”与“用”的能力。

改革现有学科评价体系，制定符合地质新工科教育质量评价体系，赋予导师和学生在课程和实践环节更大的自主权和选择权。注重在教学、工程实践过程中的评价体系建设，联合企业、研究所共同完善研究生的培养目标、毕业要求，制定切实可行的毕业条件和学位条件。对现有培养方案和教学体系进行持续和有效的调整。

四、地质新工科本科专业建设探讨

建立智能地质工程专业课程体系动态调整机制。开展外部宏观环境和专业内部条件分析，紧跟智能地质工程发展，明确专业所具备的优势、劣势以及存在的机遇和挑战，调整和完善课程体系。通过课程教学和评价方法促进达成课程目标和毕业要求；通过整理分析反馈结果，促进提升专业办学水平、提高教学质量。

完善产出导向的人才培养模式。遵循创新型复合人才培养目标设定的毕业要求，以产出为导向，进一步完善智能地质工程专业人才培养的知识、技能和能力结构，建立以能力培养为结构要素的人才培养体系、信息技术与专业知识有机融合的课程体系；知识传授与技能训练并重，强化工程能力综合实训的教学体系；面向人工智能、大数据等新信息技术应用能力训练体系组成的智能地质工程专业创新型本科人才培养模式。

以学生为中心持续改进。智能地质工程专业将建立以学生学习效果为中心的教学过程质量监控机制。围绕学生如何学、学习效果、学生评价等，修订课程教学、实验教学、实习教学、课程设计、毕业设计等主要教学环节的质量要求。通过课程教学和评价方法促进达成培养目标；定期进行课程体系设置和教学质量评价。按照培养目标，依据人才质量标准，采用定性和定量评价相结合、校内与校外评价相结合的方法，构建多主体参与的毕业生评价、校友评价、同行评价、用人单位评价、第三方评价等全方位评价系统，评价学生校内学习情况以及毕业以后的工作情况、培养目标是否达成等。促进智能地质工程专业办学水平提升、教学质量提高、学生专业知识达到毕业要求。

五、结语

聚焦产业改造升级和新兴产业发展的需要，以新经济新业态为背景，适应国际国内工程教育改革趋势，结合互联网+、云计算、大数据、智能化、虚拟现实技术等新理论和新技术，针对传统地质工程专业人才培养不能适应新业态的现实需求，深入研究智能地质工程专业探索与实践问题，是地质新工科建设亟待解决的问题。通过努力，预期建立智能地质工程专业人才培养的课程体系和人才培养模式，形成“研教合一，以科研促教学”教学模式，培养智能化地质工程创新型人才，形成新专业方向的教学特色资源。为地质新工科学科和专业建设贡献中国智慧，形成中国方案。

◎ 参考文献

[1] 吴岩．新工科：高等工程教育的未来——对高等教育未来的战略思考[J]．高等工程教育研究，2018（6）：1-3.

[2] 吴爱华，侯永峰，杨秋波，等．加快发展和建设新工科，主动适应和引领新经济[J]．高等工程教育研究，2017（1）：1-9.

[3] 钟登华．新工科建设的内涵与行动[J]．高等工程教育研究，2017（3）：1-6.

[4] 赵鹏大，吕新彪，欧阳建平，等．地学类创新人才培养方法和途径[M]．武汉：中国地质大学出版社，2006.

[5] 郭福生，叶长盛，陈平辉，等．多学科交叉融合的地学工程人才培养模式探索与实践：以东华理工大学为例[J]．中国地质教育，2020，29（2）：14-20.

[6] 甘磊，邓婉珍，陈晓冰．新工科背景下地方高校水文与水资源工程专业复合型人才培养模式探索[J]．大学教育，2020（10）：172-174.

[7] 张玲，何伟，林英撑，等．新工科建设和政产学研用协同育人模式的探索[J]．大学教育，2020（3）：27-30.

[8] 葛动元，李健，罗慧聪，等．新工科背景下大学生创新能力培养的探索[J]．大学教育，2018（12）：170-172.

[9] 庞岚，吕军，周建伟．新工科建设背景下的地质类专业跨学科人才培养模式探析[J]．高等工程教育研究，2020（1）：62-66.

[10] 夏庆霖，唐辉明，石万忠，等．关于地质类专业新工科建设的几点思考[J]．中国地质教育，2020，29（1）：40-44.

[11] 孙学阳，唐胜利，赵洲，等．基于新工科背景下的地质工程专业建设探索与实践 [J]. 教育现代化，2020 (32)：136-142.
[12] 夏庆霖，张照录，李彦荣．疫情期间地质类专业在线教学实践及对教学改革的启示 [J]. 中国地质教育，2020，29 (2)：49-53.

基金项目：教育部地质类教学指导委员会新工科项目（批准号：2020Y05）；地质工程国家一流专业建设点资助

（原刊于《教育现代化》，2020 年第 96 期，第 93-96 页）

本科生研究型培养体系的构建与实践
——以中国矿业大学地质类专业为例

隋旺华　董守华　董青红　曾　勇　郭英海

“培养以创新能力和实践能力为特征的研究型人才是高水平研究型大学的重要使命”[1]。赵晓闻、林健教授系统研究了国际工程人才的培养模式，总结了工程人才培养的5种模式，对我国工程人才培养中如何处理好数量、效益和创新的关系，解决实际问题能力和工程实践的关系，保持自我特色和国际化学习的关系提出了有益的建议[2]。林健教授还系统地论述了面向卓越工程师的研究型学习[3]。崔崇芳分析了美国研究型大学本科教育的特点，对我国创新人才培养进行了思考[4]。多所学校就构建研究型大学的本科人才培养体系进行了有意义的探索和实践[5,6]。研究型学院的特色优势专业如何进行创新人才培养是一个值得探讨的问题。

中国矿业大学地质类相关专业包括地质工程、地球物理学、水文与水资源工程等本科专业，从1996年起，开始以培养具有大地学基础和开拓精神的创新型人才为目标的教育教学改革工作，构建了地质资源与地质工程大类培养方案，获得了国家级教学成果一等奖[7]。为实现具有大地学基础的研究型、创新型人才培养，从2001年开始试验和建立地质类本科研究型培养方案，从2006年开始研究型教学体系、创新教育平台和教学保障体系的研究和实践工作。通过10多年改革和实践，逐步建立和完善了地质类专业研究型教学体系，在培养学生创新能力方面进行了不断的探索。

一、以研究型课程为导向的核心课程体系

（一）研究型核心课程体系

课程体系建设是直接关系到学生基本素质、知识结构和能力的重要内容。根据地质类学科建设、专业建设现状和行业特色，在地质类专业提出并实施了“5+3”分段式教学和三层次培养方案，教学组织形式延伸为“课堂教学—实践教学—学术科技活动”的“三元结构”教学组织形式[7]。进一步完善了这一课程体系，增加了研究型核心课程和研究型实习模块。

研究型核心课程的设置和选择，既要考虑专业特点，紧密结合学科前沿和实际工程问题，又要考虑课程内容的成熟度。为确保教学质量，一般每个专业（方向）先选择1~2门进行试点，取得经验后，确定3~5门的研究型骨干课程，开展研究型教学。如地质工程专业（岩土工程勘查方向），首先选择“土质学与土力学”进行试点，于2000年首次开展课题研究型教学，并进行了教学对比试验，该课程于2006年、2009年分别被遴选为省级和国家级精品课程。取得经验后，在“工程地质学基础”“岩土工程数值分析”等课程开展课题研究型教学推广。在“物探新方法新技术”“灾害地球物理场观测技术”等课程内则以研讨式教学的模式开展研究型教学试验。

（二）研究型课程的实施

研究型课程教学，无论采取课题研究型教学，还是研讨式教学，教师的工作量都明显加大。学生以课题小组的形式完成任务，感受了相互协作的团队合作精神，学会了“完成任务”，效果远好于单独的课堂讲授。

以“土质学与土力学”为例，课题研究型教学的具体做法是：将课程内容划分为基础知识、了解型内容、研究型内容、延伸性内容等。把研究型内容，即本课程涉及的科学主题（具有教育价值的知识和有利于学生独立开展实验研究的内容）划分为若干小课题。课程开设之初，可以由教师引导学生如何提出课题，接着，要鼓励学生自主提出课题。学习效果则通过提出问题的难易、资料检索、研究或实验方案、学习报告和答辩等方面综合考评。研究型课程不仅大大地调动了学生学习的主动性和积极性，启发了学生的创新思维，更重要的是锻炼了学生的自学能力、提出问题和解决问题的能力。

经过不断努力，我校健全了研究型课程教学的课程标准、教学大纲、课程手册，完善了教学质量管理体系，增加了学习指导书、习题集和试题库，使教学过程规范化，教学文件和教学资源更为丰富，近10年教学质量调查效果优异。

（三）与研究型课程相适应的实验教学

为让学生自己设计实验过程，从问题的提出、方案的设计和实施，以及结论的得出，完全由学生自己来完成，在实验项目的选择上主要考虑：①科学研究方法论方面的实验内容；②本学科中的科学主题；③要有结合工程实际的有利于学生综合锻炼分析和解决问题能力的实验，并能独立地分析实验结果的可靠性。如在“土质学与土力学”课程中，对于黄土地基处理部分内容，由学生根据湿陷性、击实、含水量、干密度、剪切等常规试验，设计黄土地基处理提高承载力的实验过程。学生在岩土工程数值分析课程中，根据实际的斜坡、洞室地质条件，分析计算岩土稳定性。在课外教学中，学生提出以泥浆剪切黏度测试与黏性土塑限相关性为题，开展创新性试验；结合煤田小口径钻探取芯测试需求，申报立项进行岩心定向方法的研究和设计工作。由于积极引导和投入大量精力辅导，学生动手设计、思考问题和分析问题的能力都有显著的进步，部分学生公开发表了相关的研究论文或申请了专利。

二、以研究型实习和从业教育为特色的实践教学体系

（一）研究型实习

研究型实习首先是带着问题去实习，在实习期间根据地质现象和条件、实际问题或矛盾，收集整理资料，查阅文献，分析问题和提出解决的方案。在基础地质综合实习、生产实习和毕业实习中，实习指导组在实习出发前，首先布置给实习学生的是实习问题，实习生在实习过程中通过收集资料、研究地质现象和条件，进一步提炼地质工程问题，根据基础地质和应用地质学的观点，独立或分组分析问题，并提出地质工程对策。研究型实习具有很强的目的性，一般基于生产或者科研项目进行，以使学生在实习中工作主线更为清晰，更能集中精力分析解决某一类地质工程问题。

（二）从业教育

中国矿业大学地质类专业开辟了矿大岩土公司、中岩工程检测公司、青岛地矿、徐矿集团、江苏煤田地质二队等实习基地，建设了生产实习、毕业实习、课程设计等教学实践环节的实习基地和实训基地。例如，试验教学中的静载荷试验、静力触探试验、标准贯入试验、抽水试验等，试验所需的仪器设备多且投入大，在实验室难以使学生得到系统锻炼。在建立从业实训基地后，这些试验结合生产来进行，试验时间、试验效果都得到了保证。

三、以大学生科研训练计划为主体的创新教育平台

通过完善保障制度，建立激励机制，配备专门的教师指导队伍指导开展相关活动，学院为学生参与课外学术科技创新活动提供了良好保障和广阔平台，并取得了可喜的成果。学院为学生课外科技创新活动的开展提供了有力保障和政策支持，每年为学生课外学术科技活动提供专门的经费，制定了专门的规章制度，配备了专门的工作负责小组和指导教师；为学生参加科技创新活动提供了专门的科研训练室和各种软硬件条件；制定了相关的激励政策，对取得优异成绩的班级、个人及指导教师分别给予物质奖励；积极组织学生参加校科技文化节、申（承）办学校课外学术科技创新活动、积极组织申报各级大学生创新活动计划和科研训练计划。近年来，我院承担了多项国家级、省级科研训练计划，以学生为主发表了地质类研究论文近百篇，申报实用新型专利 12 项。

四、以基层学术组织改革为抓手的组织保障体系

以研究型为导向的基层学术组织为学生的创新能力培养提供了制度保障。从学院层面对基层学术组织进行了改革，将学科建设、人才培养、科学研究、团队建设与基层研究所（系）的工作职责紧密结合，并作为考核的依据。学院在本科教学方面对各基层学术组织提出了明确的分工，尤其是在保障学生创新能力培养、教学团队建设和教学改革方面。

以基层学术组织为单位承担和完成教学改革、课程建设、教材建设立项，申报教学成果奖和教学质量奖的任务，完成大学生科研训练计划指导、全校性公选课开设任务。矿山地质基础教学实验中心主要承担全院实验教学和科

学研究设备保障等工作，做好实验室建设规划并组织实施，为全院本科生创新性试验、科技活动提供硬件保障。基层学术组织按照需要组织和聘请国内外学者来校进行学术交流和开展教学教改研究工作，在一定范围内对办学资源具有支配权。基层学术组织积极关心、参与学校和学院各项事业改革，特别是本科生创新能力的培养与教学工作，通过培育学生的创新能力和实践能力，促进毕业生就业，提高就业率和就业质量。

基层学术组织改革，不仅改变了教学科研的组织形式，更重要的是突出了培养学生创新能力的要求，也为研究型教学改革提供了组织保障。

五、实施效果

近年来，通过对地质类专业研究型培养模式的改革和实践，以学生创新能力和实践能力为核心，构建了本科研究型培养方案；形成了一批标志性的教学改革、专业建设成果，建成了国家特色专业 1 个、国家级教学团队 1 个、国家级特色专业 1 个、江苏省品牌专业 3 个、江苏省重点专业 1 个、江苏省教学示范中心 1 个；建立了以研究型为导向的核心课程体系，建成国家级精品课程 1 门、江苏省精品课程 3 门、学校精品课程 4 门，获得江苏省精品教材 1 部。建立了以研究型实习和从业教育为特色的实践教学体系，实习基地和实训基地建设取得成效；建立了以大学生学术科技创新活动的多层次载体，包括科研训练计划、教师科研项目、学术论文写作、专利发明和申报等，学生获得国际数学建模大赛三等奖 1 项，国家级一、二、三等和鼓励奖 28 项，省级奖励 24 项，市校级奖励 68 项。

我校在工科地质类课程研究型教学和创新能力培养方面取得的基本经验和方法，在援疆工作中被推广到新疆大学地质与勘查工程学院，并在煤炭地质类专业产生较大影响，该成果获得 2011 年江苏省教学成果奖二等奖。

◎ 参考文献

[1] 周绪红．建设好研究型大学是走向高校强国必由之路 [N]．中国教育报，2008-02-22.

[2] 赵晓闻，林健．工程人才培养模式的国际比较研究 [J]．高等工程教育研究，2011 (2)：33-41.

[3] 林健．向卓越工程师培养的研究性学习 [J]．高等工程教育研究，2011 (6)：5-15.
[4] 崔崇芳．美国研究型大学本科教育的特点及对我国创新人才培养的启示 [J]．教育探索，2011 (5)：155-157.
[5] 唐铁军，成协设，徐跃进．构建研究型大学本科人才培养体系的探索与实践 [J]．中国大学教学，2011 (7)：23-25.
[6] 朱志伟．构建研究型大学本科创新人才培养体系的探索与实践 [J]．高等理科教育，2011 (5)：99-102.
[7] 隋旺华，曾勇．面向21世纪的地质工程专业教学体系改革与实践 [J]．工程地质学报，2000 (S)：631-632.
[8] 曾勇，隋旺华．地质类专业的拓展与实践 [J]．中国地质教育，2000 (1)：47-48.
[9] 曾勇，隋旺华，董守华，刘树才，王文峰，董青红，陈同俊，姚晓娟．"地质工程专业主干课程群国家级教学团队"的建设与实践 [J]．中国地质教育，2010 (4)：15-18.
[10] 曾勇，隋旺华，董守华，郭英海．地质工程国家级特色专业的建设与实践 [J]．中国大学教学，2011 (9)：41-43.

基金项目：教育部"土质学与土力学"国家级精品课程建设项目、地质工程专业主干课程群国家级教学团队项目、江苏省"十二五"重点专业地质工程项目。

（原刊于《大学教育》2013年第7期，第3-5页）

好学力行　求是创新
培养优秀矿业地质人才
——中国矿业大学资源与地球科学学院本科教学工作的经验与体会

隋旺华　刘　坚　曾　勇　魏世英　潘冬明

伴随着中国矿业高等教育近百年的风雨历程，中国矿业大学地质学科的教学和研究工作也已走过了近一个世纪的岁月。20 世纪 30 年代，杰出的地质学家翁文灏任焦作工学院（中国矿业大学前身）的常务校董，张伯声、张鸣韶等著名地质学家曾来校任教。新中国成立以后，我校的地质专业在我国著名地质学家何杰教授、韩德馨院士及高文泰教授率领下，经过几代人的努力与奋斗发展起来。1951 年春，燃料工业部委托北京大学为中国矿业学院招收了第一届煤田地质专业的本科生，创办了煤田地质工程系。1995 年以煤田地质系为基础合并中国矿业大学分析测试中心成立了“资源与环境科学学院”。2000 年环境科学专业划出，学院更名为资源与地球科学学院。

经过几代人的不懈努力，以煤炭资源勘查与开发地质为主体的学科格局逐渐形成，这对我国该领域的科技进步与技术创新起到了重要的推动作用。资源与地球科学学院所属学科涉及地质资源与地质工程、水利工程、地质学、地球物理学和地理学 5 个一级学科。目前有 1 个国家级重点学科、2 个一级学科博士点、9 个博士点、2 个“长江学者”特聘教授设岗学科、12 个硕士点。学科建设是专业建设的重要内容，对本科专业起到了重要的支撑。地质工程、水文与水资源工程、地球物理学、资源环境与城乡规划管理等本科专业，都有博士点和硕士点支撑，例如传统优势学科地质工程，有国家重点学科矿产普查与勘探等多个博士点和硕士点支撑。

2003年制定的学院学科建设规划和师资队伍建设规划，明确了我院的办学指导思想、办学定位和发展方向。办学定位是：经过10年左右的努力，把我院建设成为以工科为主、理工渗透、多学科联合交叉、协调发展，在学科建设、科学研究、社会服务以及培养社会需要的复合型人才等方面居国内先进行列，矿产普查与勘探学科、地球探测与信息技术学科达到国内领先水平，在煤层气理论与勘探开发技术、煤炭资源勘察与开发地质、应用地球化学等领域达到国际先进水平的研究型学院。办学定位的内涵是：在办学水平方面，在未来10年，实现由研究教学型向研究型学院的转变，总体办学水平居于国内先进，地质工程专业（本科）、地质资源与地质工程一级学科（研究生培养）居国内领先，并在国际上有重要影响；办学层次和规模方面，充实内涵、提高质量，学院在校本科生的规模稳定在1200人左右；调整学科结构，提高研究水平，学院在校研究生的规模达到400人以上。学院在校研究生与本科生的比例达到1∶3，学院在校博士生与硕士生的比例达到1∶3。

根据这一办学定位，确定的本科教学的总体思路是：紧紧围绕建设研究型学院的奋斗目标，构建研究型、创新型本科教育体系，以育人为核心，加强师资队伍建设、专业建设、教材建设和课程建设，实施精品课程、教学成果、教学名师培育工程，开展研究型课程教学试点，加强大学生思想政治工作，培养德智体全面发展的社会主义事业的建设者和接班人。下面简要介绍一下我们的主要经验和体会。

一、以教育教学研究为依托，以不断深化教学改革为主线，推动教育思想观念的转变，促进学院事业发展

从1993年起，我院先后承担教育部、江苏省等重点教育教学改革项目多项。例如，1993年至1995年承担的中国地质教育协会“八五”教育科学重点研究课题“中国地质教育现状及规划研究”；1996年承担教育部“高等教育面向21世纪教学内容和课程体系改革计划-地矿类专业人才培养方案及教学内容和课程体系改革的研究与实践”。1997年主持煤炭部“面向21世纪煤炭高等工程教育教学内容和课程体系改革计划”中的“地质类专业人才培养方案

及教学内容和课程体系改革的研究与实践”。1997年主持江苏省“面向21世纪高等工程教育教学内容和课程体系改革计划”中的“地质类专业人才培养方案及教学内容和课程体系改革的研究与实践”和“面向21世纪医学工程人才培养模式研究与实践”两个重点项目。2002年负责江苏省“地质学基础实践教学建设与改革”。2003年主持江苏省教育协会“地质工程专业创新人才培养模式研究”；2005年主持江苏省高校工科地质类“产学研教”互动型创新人才培养模式实践和研究。

以上教学科学研究成果对于转变教育思想和教育观念，促进教学改革，加强对学生的素质教育和创新能力的培养，鼓励学生个性的发展起到了很好的推动作用。例如，地质资源与地质工程类专业教学体系改革与实践提出了地质资源与地质工程专业大类人才培养模式和方案，牵头修订了工科地质类专业目录和引导性专业目录；提出并实施了“5+3”分段式教学和三层次培养方案，教学组织形式延伸为“课堂教学—实践教学—学术科技活动”的“三元结构”教学组织形式。专家评价：“这是一项着眼于21世纪、全方位的综合改革成果，幅度大、力度强，在教育教学改革方面迈出了重大步伐，取得了重大突破，并取得了重大的人才培养效益，在全国地矿类院校（系）产生较大影响，具有重大的推广价值。”“面向21世纪的地质资源与地质工程类专业教学体系改革与实践”于2001年获得国家级教学成果一等奖[1]。2003年地质工程专业被评为江苏省品牌专业建设点，2005年顺利通过验收。地质工程专业被中国科学评价研究中心评为全国该专业第一名[2]，连续多年被《挑大学选专业》一书评为全国同类专业第一名[3]。与徐州医学院合作完成的江苏省重点项目“校际联合培养新世纪医学工程人才”，提出了工科大学和医学院校际合作培养医学工程本科人才培养模式，项目成果已被中南大学等兄弟院校所借鉴。2004年获得江苏省优秀教学成果二等奖。近年来，我院共获得省级以上教学成果奖励6项，其中国家级奖励3项，建成省级优秀课程3门。

二、以师资队伍建设为核心，加强学科建设和科学研究，积极促进本科教育教学体系与研究型学院适应

师资队伍建设是学校事业发展的根本。根据学院事业发展需要制定了师

资队伍建设规划，即建设一支与研究型学院相适应的结构合理，素质优良、业务精湛、富有学术活力、团结进取、具有较强的参与国际学术竞争的师资队伍和实验人员队伍。在“十五”期间，我院师资总量（专任教师）达到80人左右，高级职称的教师占总量的60%以上，具有硕士以上学位的教师占80%，学缘结构合理，以中青年教师为主体，30岁以下教师要占一定比例，并采取了相应的措施。

学院目前有教职工101人，其中专任教师74人。专任教师中教授19人，长江学者特聘教授2人，副教授19人。10名教师被列入省部级以上人才培养计划。教师中已经获得博士和硕士学位的占85.1%，有博士学位的占教师总数的36.5%。曾勇教授以教学改革和教书育人的突出成绩获得全国高校首届教学名师和李四光地质科学奖教师奖。地球探测与信息技术团队被评为江苏省高校优秀学科梯队，化石能源地质、应用地球物理被评为中国矿业大学创新团队。

2001年以来我院教师共承担“973”项目3个二级课题、国家自然科学基金重点项目1项、国家自然科学基金项目19项。2005年科研经费达到1300多万元。2001年以来获得国家科技进步奖二等奖2项、省部级科技奖励9项。高水平的科研提高了教师的学术水平、改善了办学条件、为教学注入了新的内容、为学生从事科学研究和毕业设计提供了课题来源。

三、注重学生培养的全过程，以大学生科研训练、科技文化活动为载体，培养学生的全面素质、创新精神和创新能力

“教育者，养成人格之事业也。”我们十分重视学生的思想品德建设，体现在大学生生涯设计、社会实践、丰富多彩的校园文化活动、科技创新活动等方面。学院成立有：求是学社、980青年志愿者协会、水资源保护协会、开心学堂等学生社团，着眼于对学生全方位的引导和启发。

重视实践教学，形成了较为完备的实践教学体系。从1996年开始把学术科技活动列入培养方案[4]。建立了南京、杭州、巢湖、三峡、庐山、大型矿山等野外实习基地。开展了野外数字填图试点。学院分析测试中心、实验中心的仪器设备包括“211”工程的大型仪器设备全部面向本科生开放。自2001年以来，已经成功举办了五届院科技文化节。积极组织大学生科研训练

计划和大学生创新行动计划。学生多次获得国家和省竞赛奖励，在第八届“挑战杯”全国大学生课外学术科技作品竞赛中，我院本科生沈玉林等同学的作品获得自然科学类二等奖。

四、提高学生的基本理论和基本技能，促进学风建设和学生就业工作

新中国成立以来，我院已经为国家培养了5000多名毕业生。毕业生面向煤炭工业主体，遍布祖国各地，为保障我国煤炭资源的供给、保证矿山安全生产、保护开发地的地质环境起到了不可替代的作用。相当数量毕业生在国内外具有较大的学术影响，其中有国家有突出贡献的专家、国家杰出青年基金获得者、优秀博士硕士论文获得者、赴南极考察的科学家等。近年来，学生的就业率基本保持在100%，地质工程专业的有效供需比达到1：20。学生考研升学率在40%左右，其中不乏考取北京大学、南京大学、浙江大学等著名高校的。

展望“十一五”，我们将以科学的发展观为指导，面向煤炭工业的可持续发展，培养煤炭主体专业人才，为高素质、创新型人才的培养搭建更加厚实的学科平台、培养更高水平的师资、努力构建研究型的本科教育教学体系。加强师资队伍建设，实施国外访问学者计划、青年教师培训工程和教学名师培育工程。建设好煤炭资源与安全开采国家级重点实验室。努力构建与研究型学院相适应的本科教育体系，努力提高教学质量，为国家建设培养出更多的优秀人才。

◎ 参考文献

[1] 曾勇，隋旺华，刘焕杰，等．面向21世纪的地质资源与地质工程类专业教学体系改革与实［J］. 中国地质教育，2001（4）：5-8.

[2] 中国科学评价研究中心．2006年中国大学评价报告［N］. 科学时报，2006-05-15.

[3] 武连生．挑大学，选专业［M］. 北京：中国统计出版社，2002：113.

[4] 隋旺华，曾勇，李来成，等．开展科技活动培养创新精神［J］. 中国地质教育，2001（1）：61-69.

基金项目：教育部新世纪优秀人才支持计划（NCET-04-0486）、2005 年江苏省高等教育教学改革研究项目、中国矿业大学教学改革与课程建设项目资助。

（原刊于《中国地质教育》2006 年第 3 期，第 36-38 页）

创新型本科人才培养途径探讨
——以地质工程专业为例

隋旺华

一、背景与现状

素质教育和创新教育是目前高等院校进行的教学改革的核心。人口、资源、环境三大问题已成为21世纪人类社会可持续发展的重大问题。地球科学“必须建立起以服务于社会发展和生存条件为基本任务”的新的学科体系，必然从“资源型”向“社会型”“环境型”扩展，“数字地球”成为信息时代地学服务于社会的重要载体。地学为高等地学教育的改革和发展注入了新的活力。

目前，国内外地学教育正处于重要变革的关键时期，高等地学教育在已经取得的教育教学改革成果的基础上，怎样进一步明确办学指导思想、如何培养具备大地学基础的、具有开拓精神的创新型人才，以适应我国科技、经济、社会发展和国际竞争的需要，是摆在高等地学教育工作者面前的极富挑战性的新课题。

多年来，我国地学教育工作者为地学教育的改革、发展、人才培养进行了不懈的努力。在1987年、1993年两次普通高等学校本科专业目录调整、缩减与拓宽之后，中国地质教育协会将“中国地质高等教育现状及规划研究”列入“八五”重点教育科学研究课题，分地矿部属、煤炭部属、石油高校、有色地质、冶金地质、核工业铀地质等六个子课题进行了研究，课题成果于1995年完成，为教育部、有关教育主管部门对我国地质教育的改革与发展提供了必要的基础资料和咨询、参考意见，并为地矿类院校（系）进行学科、专业调整和建设、教育、教学改革提供了重要的参考意见。

教育部实施的“高等教育面向21世纪教学内容和课程体系改革计划”（以下简称“教改计划”）是使我国高等教育适应并促进社会发展、迎接21世纪挑战而实施的重大教学改革项目。“地矿类专业人才培养方案及教学内容体系改革的研究与实践”是“教改计划”中的一个项目，由中国矿业大学牵头，有中国石油大学、北京科技大学、中南工业大学、重庆大学主持，相关地矿类院校参加。该项目分地质、采矿、石油三大专业（类）组织研究和实施。其中地质工程专业（类）人才培养方案及课程内容体系改革的研究取得重要突破和实质性的进展，研究小组较早地开始专业调整、合并、拓宽的研究，将原来6个工科地质类专业调整为2个基本专业（资源勘查工程、勘查技术与工程），并合并为“地质工程”一个引导性专业，使专业面向大大拓宽。该成果提出了新的地质工程专业人才培养目标和培养方案，已被1998年教育部颁布的专业目录所采纳。在新的培养计划中设置了“模块化”课程体系，提出并实施了“5+3”分段式教学，保持优势，拓宽领域，设置了柔性的专业方向，在实践教学、创新教育、能力、素质培养等方面都进行了有益的实践。该项目已在中国矿业大学（1995年开始）等相关院校实施，中国矿业大学已经有五届按专业大类培养的学生毕业。各地质类院校（系）教育、教学改革也呈现出“百花齐放”“百家争鸣”的大好局面，在教育部和有关主管部门的支持下，一大批教改成果相继涌现。南京大学以理科地质教育为重点，对“地质学”专业人才培养模式和课程体系进行了改革，提出了理科基础型、理科应用型、工科技术型三个培养方向的课程体系基本框架。中国地质大学新近修订完成的培养方案，在课程设置上加强了通识基础课教育，在专业二级课程平台上，注重培养学生的创新意识和自学能力，加强学生的人文素质教育。

二、趋势与特点

综观各院校（系）地质工程专业（类）的改革现状，有如下发展趋势和特点。

各院校（系）对地质工程专业（类）的改革的必要性和重要性达成共识，但改革工作进行的深度和广度还不平衡。各相关高校近五年来均结合地学发展的趋势及对人才培养的要求，进行了专业改造、课程体系和教学内容的改革。对加强基础、拓宽专业、培养学生的创新意识和自学能力、加强素质教育等达成共识，但各校的着力点和改革深度还很不平衡。有的院校行动早、见效快，已有一批学生受益；有的学校则是在1998年教育部新专业目录颁布后才着手专业调整与培养方案的修订工作；有些单科性地质院校改革的着力点主要放在向非地质类专业的拓宽，对地质类专业的教学改革关注相对不足。跟踪研究与实践多，进一步创新相对不足。在按新的专业目录对原有地质工程类专业进行调整和改造的同时，进行更深入改革的理论研究、国内外地质教育比较研究、对21世纪地学教育的前瞻性研究等相对较少。在教育部新颁布的专业目录的基础上，进行深入的理论探讨，对如何建立着眼于地球系统科学大思路的地学人才培养方案，如何适应终身教育要求，如何适应高等教育的国际化、现代化要求，吸收国外地学教育的经验等等关键问题进行深入细致的理性思考和教学实践，是进一步拓宽和修订专业目录的重要基础，应持续开展下去。

各院校（系）都按照自身的定位、人才培养模式对课程体系和教学内容进行了改革，但整体优化不够，教学内容陈旧的状况未得到根本改变。虽然部分课程的改革取得了重要进展，例如地球科学概论、资源与环境地学基础等较好地体现了21世纪地质人才培养目标的要求，但是与培养目标要求相配套的系列课程建设和改革相对滞后；基础教育与专业教育阶段的课程之间、专业教育阶段的课程之间、理论教学与实践教学之间、业务教育与非业务教育之间等均需要下大力气进行整合优化。地质科技飞速发展，许多新理论、新技术、新方法，虽然在教学中有所补充，但是还相差很远。

教学方法和教学手段的现代化取得一定进展，如在教育部支持下南京大学研制的“地球科学”、浙江大学研制的“构造地质学”等多媒体教材的正式出版，具有很好的示范作用，各院校也相继投资研制了一批CAI课件，但总体来讲，教学方法和手段的改革还没有真正做到与教学体系、教学内容的改革同步进行。虽然在一些课程中采用了现代化教育手段，但普及率低、教学效果有待提高，与先进国家相比差距很大。课程体系的改革、教学内容的现代化、课堂教学时数的减少，必然要求增大单位课时的信息量，许多新课程、重组课程的教学内容也离不开计算机和信息技术，因此必须彻底地改变落后的教学方法和教学手段。教学方法、教学手段与教学内容、教学体系的同步改革成为下一步教学改革的重点之一。

对地学人才创新意识、创新思维能力的培养已经做了一些有益的研究和探索，但如何在培养的全过程中培养学生的创新意识、创新思维、动手能力和自我获取知识的能力，在理论教学、实践教学、非业务教育等各个环节贯穿创新能力的培养，值得进行深入的探索和实践。

三、创新人才基本素质

以地学类本科生为例，其素质教育除了体现面向全体学生，提高学生的全面素质，注重发挥学生的主体性，着重培养学生的自我学习、自我教育、自我发展的意识和能力之外，地学工作者面对的是复杂的多因素制约的自然现象和地质作用，许多地质过程难以直观和短期再现，以及地学工作的艰苦性、经济效益的间接性决定了地学类学生的素质教育也需特别设计。

思想思维素质方面：综合思维（多元思维）、联想思维、预测思维；艰苦和挫折锻炼，科学实验过程复杂性探索性锻炼。

科学文化素质方面：坚实的数理化、外语基础和哲学修养，广博的科技知识和地学知识。

能力素质方面：自然现象考察分析能力，信息和模拟技术，实验室分析，在外援困难下的设备维护和生存能力。

素质教育要贯穿于整个培养过程，关键取决于教师素质的提高与努力。

人的创造力的表现和发展需要有相应的环境，学生创新精神的培养要求我们的教育必须进行根本性的变革。为学生成长创造一个宽松、民主、自由的环境，是学生创造力得以充分发挥的前提。在培养目标上突出创新精神和创造力培养的要求是必要的，但是要充分认识到，创新培养是一项巨大的系统工程。

在教学内容上，不仅要重视选择精确、严密的自然科学基础内容，进行实习、实验能力的训练，以培养学生的逻辑思维能力，而且要重视能反映自然、人类、社会生活各个方面多样、动态、各种可能性的内容，以为学生提供选择、想象和创造的空间，培养学生的创造思维能力。要给学生自主学习、活动的空间和时间，以发展学生自由探索、想象、选择和创造的能力。要为学生创造性学习创造气氛和提供条件。在培养计划中，创新教育还通过以下途径体现：将学术（科技）活动作为“三元结构”教学组织形式的重要一环，开设研究性课程。所谓研究性课程是指以培养学生的创新精神和创新能力为主要目的的课程。课程从问题的提出出发，让学生自主探究知识的发生过程，具有研究性、自主性、创新性、开放性和实践性。加强野外实践基地的建设。如南京湖山地质实习基地、徐州地质实习基地、杭州水文地质实习基地、连云港实习基地等。走产学研结合之路，建立稳定的产学研基地。

四、目标和预期

在已有教学改革研究和实践成果的基础上，结合地学在21世纪的发展趋势，改革和重新构建地质工程专业（类）的课程体系和内容，创建培养具有大地学基础的地质工程类人才的实施方案，并在教育教学实践中积累教学运行和教学管理的经验。通过对国内外代表性高校高等地质工程教育在教育思想、人才培养目标、培养模式、专业（方向）设置、课程体系、教学方法等方面的研究，为我国21世纪初创新型地质工程专业（类）人才的教学改革提供借鉴。

加强对地质工程在新世纪发展趋势的研究，加强地学由资源型转向社会型、环境型的内涵研究，结合“数字地球”对人才培养的要求，从理论上研究21世纪社会、经济对“创新型地学人才”要求的内涵，研究针对培养目标的人才成长规律和课程体系的内在联系，进一步厘清课程体系构建的理论体系和主线。

在“教改计划”研究取得成果的基础上，继续调整培养方案，建立起着眼于地球系统科学大思路的地质工程专业（类）人才培养方案。

重组课程体系，对课程进行整合优化，完善模块式课程体系，以知识—能力—素质—创新为主线，对核心课程的教学内容、方法、手段进一步改革，建设一批专业核心课程教材，更好地体现和实践21世纪对人才创新性的要求。

教学方法和教学手段的配套改革，基本做到核心专业课程的教学多媒体化，加大信息量，启迪思维，培养创新思维。

在已开设的创造学课程的基础上，将创新型地质人才对创造学知识的学习和在核心课程中进行创新教育以及改善人才培养的环境有机地结合起来，加强实验教学与实践教学在地质工程创新型人才培养中的作用，将创新教育、创新思维贯穿于培养全过程，积累创新人才培养的教学运行规律。

改革教学管理体制和学生管理体制、改革考试方式和对学生的评价方法，建立起适应于学生个性发展、因材施教和创新培养的体制和运行机制。

（原刊于《中国矿业大学2004年本科教育教学改革研讨会论文集》，第160-164页）

地质工程国家级特色专业的建设与实践

曾　勇　隋旺华　董守华　郭英海

教育部、财政部于2007年实施了“质量工程”，教育部于2008年又颁布了《关于加强“质量工程”本科特色专业建设的指导性意见》，按该指导性意见的规定，在“十一五”期间，将遴选3000个左右本科专业点进行重点建设。中国矿业大学地质工程专业被批准为本科特色专业建设以来，我们按照指导性意见的要求对地质工程特色专业进行了历时两年的建设。

一、实施建设的基本情况

（一）建设目标的制订与执行

本专业建设目标是：把地质工程专业建成为国内一流水平的科技创新与人才培养基地，为同类型高校相关专业建设和改革起到示范和带动作用。

因此，我们紧密结合国家经济、科技、社会发展对高素质地质工程专业人才的需求，通过新人才培养方案的编制，构建适应经济社会发展需要的地质工程专业类课程体系；改革课程教学内容，加强新教材建设和国外优秀教材的引进；改革教师培养和使用机制，加强教师队伍建设；加强实践教学，将自学能力、创新能力和思维及素质的培养融入地质工程专业创新性人才培养的各门课程和各教学环节中，突出煤炭及煤层气资源勘查与开发特色。我校地质工程专业在师资队伍建设、人才培养质量、教学和科学研究水平、教学管理模式等方面得到全面提高，达到了预期的建设目标。

（二）地质工程专业定位、发展趋势和人才需求研究

经过多年的实践和探讨，结合我校特点，我校地质工程专业形成了四

个稳定的专业方向：资源勘查工程、岩土工程勘察、钻探技术与工程、地学信息技术。我们认为，我校地质工程专业的定位应该是：突出煤炭及煤层气资源勘查与开发特色，培养适应国家经济、科技、社会发展所需要的，遵纪守法，热爱地质科学，理论基础扎实，实践能力强，综合素质高，视野开阔，具有现代企业管理知识、创新能力、开拓精神和服务社会的良好职业道德，能运用现代地质理论和先进科技手段，从事资源地质勘查评价与开发，工程勘察设计、施工和管理，德、智、体全面发展的高级工程技术人才。

为了及时了解本专业的发展趋势和对人才的需求情况，我们主动加强与煤炭、石油、地矿、交通、铁路等地质工程相关的产业、行业和用人部门的联系。除了组织专门的研讨会外，还经常利用科研出差、校友返校等机会，进行相关企业、产业发展趋势和人才需求的调查研究，向他们征求对专业培养计划、教学大纲、课程体系、教学方法、实践教学等方面的意见和建议，不断完善本专业的内涵建设和培养方案，取得了较好的效果。例如，2010 年 12 月在学院支持下召开了有我院毕业生参加的“中国煤炭地质实践教育研讨会”，来自山西、河南、四川、江苏、安徽等省的近 20 家研究院、地勘队、煤矿企业单位领导在会上踊跃发言，他们不仅表示愿意接纳学生的实习工作，而且更欢迎毕业生去他们单位工作。这次研讨会为我们提供了大量的人才需求信息。

（三）改革人才培养方案，构建适应经济社会发展需要的地质工程专业类课程体系

修改调整及实施人才培养方案。通过调查研究，为确保地质工程专业内涵建设和创新人才培养目标的实现，我们在对 2004 版培养方案实施过程中发现的优缺点进行全面分析的基础上，制订并实施了 2008 版地质工程专业本科教学培养方案。相比之下，2008 版培养方案具有两大特点：一是在课程体系中更加突出了地质工程的专业特色，以适应经济社会发展需要。在专业课程体系中确定了本专业各专业方向的通用核心课程。即普通地质学、矿物岩石学、古生物地层学、构造地质学、工程地质学基础，进一步强调了基础地质的重要性。明确了地质工程各专业方向的专业核心课程：如资源勘查工程专业方向的岩土钻掘工程、地球化学、能源地质学、地质勘查与评价；岩土工程勘

察专业方向的岩土钻掘工程、地球化学、土质学与土力学、煤矿工程地质学；钻探技术与工程专业方向的岩土钻掘工程、地球化学、土质学与土力学、钻井液与循环系统；地学信息技术专业方向的岩土钻掘工程、地球化学、可视化编程语言、数据库技术。二是进行了专业方向及其培养计划的调整，突出煤炭行业特色。原专业方向有三个，即资源勘查工程、岩土工程和地球物理，现调整为四个。其中地球物理专业方向已独立组建成地球物理学专业，并从地质工程专业孵化出新的专业煤及煤层气工程。

在制订和实施2004版培养方案时，地质工程专业的招生规模是6个班，招生185人。到2008年，招生人数已经达到7个班共210人。同时，为了实施因材施教，体现个性化教学的理念，并满足人才市场对人才培养的多元化需求，在2008版培养方案中针对4个专业方向设立了4个选修课程组，并安排了20多门任选课，使2008版培养计划更趋科学合理。目前，我们又对2008版培养方案进行进一步的分析和研究，以早日完成向研究型教学的转变。

改革教材建设及教学内容与课程体系。通过研究我们确定教学内容与课程体系改革的目标是：及时反映当代科学技术最新成果和发展趋势，突出教学内容的时代特征；课程重组，使不同课程教学内容之间相互衔接形成体系，实现同类课程的整体优化；基础课要展示层次性，以现代教育技术为切入点改革教学方法；加强实践环节，提高设计性、综合性实验课开出比例，将自学能力、创新能力培养和素质教育融入实践教学环节。我们十分重视教材建设工作，本专业已有2门课程列入国家级高校“十一五”规划教材，6门课程列入地矿类高校“十一五”规划教材，有5门课程列入地矿类高校“十二五”规划教材。同时，有1门课程被评为国家精品课程。

（四）师资队伍建设

师资队伍是特色专业建设的重要保障，是教学活动的主导力量，是深化教学改革、提高教学质量的关键。地质工程专业建设初期有教师49名，其中教授17名（含博士生导师14名）、副教授15名、高级实验师4名。本专业教师队伍中，具有硕士学位以上的有46人（占93.9%），其中具有博士学位的有27人（占55.1%）。为了优化师资队伍结构，我们采取一系列措施，一方面从中国科学院、“211”高校积极引进博士，另一方面鼓励现有教师参加学历教育。同时，对现有教师轮次派遣出国，进行短期进修与培训，加强与国外同行的联系，扩展视野，全方位提高教师的水平和能力。截至2009年12月，地质工程专业现有专任教师58人，其中教授19人，副教授18人；有硕士以上学位的55人（占94.8%），其中具博士学位39人（占67.2%）。现有教师人数、学历层次、职称比例以及师资水平达到了项目建设的预期目标，为本专业向更高层次发展奠定了坚实的基础。

（五）实践教学改革与实施

深化实践教学改革，需要加大教学投入，加强专业实验室、校外实习基地的建设，推进人才培养与生产劳动和社会实践相结合。

为了提高学生的实践动手能力，2008版培养计划中，传统的课堂实验课除增加了综合性、设计性的课时以外，针对不同的专业方向新添了1周的专业技能训练，例如矿物岩石学技能训练、能源地质学技能训练、古生物地层学技能训练、地学信息处理与开发技能训练等实践教学环节。

在继续加大实验室建设力度、巩固和充实学院教学实验中心的同时，“煤层气资源与成藏过程”教育部重点实验室已立项在建，两年来国家与学校投入的建设费用已达到400万元。

随着地质工程专业对野外实习环节的高度重视，学院有针对性地逐年加大本科教学各实习环节经费投入，不断调高实习经费标准。

（六）政策支持和经费保障

特色专业建设是一项系统工程，特色专业的建设工作得到了学校和学院的大力支持。特色专业建设点也由学校按照“质量工程”的有关要求，加强领导与管理，加强监督、考核和评估，学校按年度对建设工作和经费使用情况进行检查，并提供必要的政策支持和经费保障，保证建设工作的顺利进行。

地质工程特色专业立项建设以来，教学经费投入力度得到进一步的加强，经费逐年递增，来源也呈多元化。

通过改革和建设实践，在培养适应经济社会发展需求的地质工程人才的基础上，制订了地质工程专业资源勘查工程专业方向的专业规范和专业评估体系，为相关院校的专业改革和建设，起到了推广和示范作用，为把我院地质工程专业建设成为国内一流的地质工程科技创新与人才培养基地奠定了基础。

二、建设成效与思考

（一）教师积极参与，教育理念和教学水平得到提升

项目建设过程中，教师积极参与相关的建设工作。他们不仅积极投入教学改革工作，对自己所承担的课程进行教学内容和结构的优化与改革，改革教学方法，完善多媒体课件，努力提高教学质量；而且主动参与科学研究，不断把科研理念和科研成果融入教学过程，扩展学生的专业视野，开阔学生的知识面。同时，教师还十分重视实践教学环节，努力开发综合性、开放性、设计性课堂实验课程，在不断提升自身教育理念和教学水平的同时，努力申报各类教学改革项目和教学奖励。

两年来教师在科学研究、教学改革中取得了一定的成果，获得了教育部科学技术二等奖 1 项、中国煤炭工业科学技术一等奖 2 项、教育部自然科学二等奖 1 项、第九届高等教育科学研究优秀成果三等奖 2 项，一门课程被评为国家精品课程。

（二）学生受益匪浅

立项建设以来，学生积极参与大学生创新活动计划、科研训练计划和各类科技文化节。学生参加活动范围和作品数量、质量都有了很大进步，并多次获奖。学生积极参与教师的科学研究工作，取得了较好成果。由于教师的科研项目大多与煤炭企业有关，因此，同学们通过科研对煤田地质有了更深入的了解，专业的煤炭特色彰显于此。2008 年学生发表科技学术论文 55 篇，申请专利 43 项，其中已获授权 10 项。2009 年学生发表科技学术论文 251 篇，申请专利 117 项，其中已获授权 25 项。

近两年来，本专业毕业生的就业率分别为 96%、98%，升学率分别为 35%和 37%。就业于煤炭行业的比例超过 75%，并得到了各用人单位的好评。

说明我们培养的人才已得到社会的认可，尤其是煤炭行业的认可，本专业的煤炭行业特色是突出的。

（三）几点体会和建议

（1）学校高度重视、职能部门工作认真负责，是建设品牌特色专业的重要保证。我校根据教育部《关于启动高等学校教学质量与教学改革工程精品课程建设工作的通知》精神，在2003年就制订了《中国矿业大学关于品牌特色专业建设的意见》，每年设立专项经费用于品牌特色专业建设工作。同时，为进一步加快和促进品牌特色专业建设工作，学校又先后在《中国矿业大学本科教学质量提升行动计划》《中国矿业大学本科教育教学改革与发展“十一五”规划》文件中提出了实施“品牌特色专业建设工程”，积极开展国家、省级、校级三级品牌特色专业建设工作的要求。从而为我校开展品牌特色专业建设工作提供了有力的政策保证，也调动了教师的积极性。

（2）学院积极参与、特色专业建设负责人的投入是推动特色专业建设的关键。以重点学科建设为平台，紧密与科学研究相结合，是特色专业建设的基础和保证。我院“地质资源与地质工程”是一级学科博士点、“矿产普查与勘探”是国家级重点学科。因此，学院十分关心并积极参与学科建设，学科建设的同时也带动了专业建设。专业建设负责人要有时间保证，要经常作好各专业方向的协调工作，及时处理和解决相关问题。

（3）在编制人才培养方案、构建课程体系和课程内容、教材建设、教师队伍建设等方面，要突出专业品牌，紧抓专业的煤炭行业特色，它们是特色专业建设原动力。

（4）提高教师的教育理念和教学改革动力，使广大教师在学校和学院相关政策的激励下，主动积极参与教学改革工作。只有教师的广泛参与和积极关注，才能保证特色专业建设的顺利实施。

（5）教师对教材建设热情不高，究其原因是教材编写费时又费力，比写专著更困难，而得利更少。建议加大编写教材的政策性倾斜。

（6）青年教师申请高一级的教学改革项目很困难，因为需要正教授的职称和社会知名度及影响力。建议多为青年教师设置教学改革项目和奖项，经费和奖金不一定多，但要给一个锻炼的机会。

第一作者简介：曾勇，中国矿业大学资源与地球科学学院教授，第一届高等学校教学名师奖获得者，李四光地质科学（教师）奖获得者。

（原刊于《中国大学教学》，2011 年第 9 期，第 41-43 页）

矿井水害防治关键技术及防治水专业人才培养方案探讨

隋旺华　孙亚军

一、矿井水害防治现状

我国煤矿水文地质条件极为复杂，无论是受水威胁的面积、类型，还是水害威胁的严重程度，都是世界罕见的。地表水、老空水、冲积层水、底板水等各种类型的水害在我国样样俱全。

“十五”期间，全国煤矿共发生一次死亡10人以上特大水害事故49起，死亡957人，分别占同期全国煤矿特大以上事故起数的19%和死亡人数的16%，仅次于瓦斯事故。据国家安全生产监督管理局公布的数据统计，从2000年至今，突水灾害共造成2833人死亡。同时，矿井水害事故对煤矿，特别是对高产高效现代化矿井的正常生产影响极大，一旦发生水害，停产就会造成巨大的经济损失。有效遏制矿井水害事故的发生，已成为保障矿井安全生产的十分迫切的需要。

矿井水害防治一直受到党和政府的高度重视[1]。《国家中长期科学和技术发展规划纲要（2006—2020）》中，在能源、水资源与矿产资源、公共安全等领域都涉及水害与水资源的问题，把重大生产事故预警与救援列入“公共安全”重点领域中的优先主题，重点研究开发矿井瓦斯、突水、动力性灾害预警与防控技术。国家《安全生产科技发展规划——煤炭领域研究报告（2004—2010）》重点任务中，基础研究、重点科技攻关研究、示范工程都把水害防治作为重要方面[2]。国家《安全生产“十一五”规划（2006—2010）》

把遏制煤矿重特大事故作为首要任务，强调要加强对煤与瓦斯突出，矿井火灾、水害等主要灾害的预测预报与防治，并把“建设国家、省级事故预防与技术分析鉴定中心和安全生产技术基础研究中心，以及一批重点安全设备检测检验基地”作为重点工程。

在过去60多年里，我国矿井水害防治工作已经从早期主要受苏联和匈牙利的研究的影响，发展到在水文地质条件勘察、突水机理、水害探测预测监测和防治技术等方面都取得长足进展。

在矿井水文地质条件勘察与评价方面，从单一的水文地质钻探，逐步发展到目前的以钻探和物探为主，结合化探、遥感等多手段进行探测，逐步形成以震法查导水构造、用电法查含水层分布及富水性的矿井水文地质条件勘察模式。

在矿井突水机理研究方面，李白英教授提出了“下三带”理论，成为20世纪80年代我国在本领域研究的重要成果和标志。

在矿井突水预测预报研究方面，20世纪60年代我国学者建立了“突水系数”的概念；20世纪70年代，煤科总院西安分院借鉴匈牙利的经验，考虑了矿压对底板破坏作用，对突水系数公式进行了修正；20世纪80年代以后，许多新理论、新方法开始应用于矿井突水预测，例如统计模型、GIS模型、模糊综合评判模型等。

矿井水害探测与监测技术研究方面，利用新技术手段和装备进行水害监测也取得初步发展，如红外仪激电仪超前探测，煤层底板应力场和渗流场的动态监测、监控等，为通过突水前兆因素监测预报矿井突水奠定了一定的理论和技术基础。

各类水害防治方法也得到发展，形成了留设防水煤柱、强排疏干、带压开采、注浆封堵、防渗、隔水层改造等一系列适应不同类型水害、不同水文地质条件的防治方法。

但是，由于受多种因素的影响，防治水专业人才的培养受到严重影响，正如原安监总局副局长王显政指出，目前煤矿防治水人才奇缺，矿业高等教育萎缩，水文地质专业人才培养数量本来就很少，而且毕业后也不愿意到煤矿，防治水工作“无人管、不会管、管不好”情况严重[2]。本文拟从矿井防治水的关键技术出发，探讨防治水专业人员所需的知识结构，探讨如何建立合理的防治水人才培养方案。

二、矿井水害防治关键技术及优先发展方向

随着煤矿采深的加大和大量小煤矿关闭后形成的积水煤矿开采的水文地质条件越来越复杂，水害治理的技术难度越来越大，遇到很多科学技术难题。如近松散层采煤的水砂突涌问题、大型水体下采煤的安全开采上限问题、重大突水（涌砂）事故的抢险救灾和应急保障、废弃矿井强渗流通道治理、高压高温岩溶富含水层突水防治等。另外，极端气候的影响如洪涝、飓风、泥石流等自然灾害频繁发生容易引起突发性水灾事故。与此同时，矿山热害、井下水砂突涌或井下泥石流、开采塌陷等等矿山工程地质灾害对煤矿的可持续发展和矿山安全形成巨大挑战和威胁。

目前及今后一个阶段，矿井防治水应解决的关键技术和优先发展的方向可以归纳为以下 8 个方面。

（一）矿井水害防治基础理论

主要有我国华北型重点水害区寒武系、奥陶系灰岩等深部岩溶发育规律和特征；深部开采条件下高承压巨厚灰岩岩溶含水层上开采的突水控制因素及水害形成机理；近松散层开采水砂突涌机制及开采上限决策；多层多岩性复杂组合结构条件下底板隔水层阻水能力评价指标体系和评价标准；突水形成过程中应力场、渗流场、温度场的演变规律及其自动监测前兆因素的理论研究；灾害和极端气候条件（台风、降水等）下矿井水害防治；矿井水害防治、地下水资源利用及其生态环境影响的综合演化效应等。

（二）矿井水害中长期预报

建立基于 GIS 平台和多元信息复合技术的矿井水害中长期预报方法和系统，建立针对不同地区、不同成因机制的矿井突水预测模型，实现矿井水害的中长期预报，为矿井水害的临突预报提供基础和重点目标。

（三）矿井水害自动监测预报预警系统

直接从矿井突水的前兆因素入手，利用现代信号检测、数据传输和模型识别技术，通过传感技术直接监测突水前兆因素的各项参数变化，研究确定矿井突水的发生条件和预报方法，建立矿井水害自动监测预报预警系统，开

发相应装备，实现矿井水害的临突预报，提高对大型矿井突水的预测准确率。

（四）矿井突水通道快速与精细探测

着重发展利用地面三维地震、矿井直流电法、矿井瞬变电磁法等手段，查明采区内断层和陷落柱的分布、煤层埋藏深度与厚度、煤层的倾角与露头位置、岩溶裂隙发育带的分布和隔水层厚度，为采场突水预报提供准确地质资料。开展各种常规水化学方法，加强同位素技术与微生物地球化学方法的应用研究，为矿山水害事故的水源及通道快速判定提供技术支持。

（五）矿井水害救灾快速反应指挥系统

建立井下监控系统，结合井下水文地质参数自动监测预警系统和 GIS 空间信息技术，建立救灾指挥系统。在发生矿井淹井事故等灾害时，将井下水量、水位、淹没范围等有关数据及图像信号传回控制中心，以便救灾指挥部及时了解灾情，做出正确的抢险救灾决策。

（六）高压高温条件下挡水结构设计及防渗材料

针对深部岩溶突水水压大、温度高的特点，研究挡水结构物的应力应变及强度特性，为高温高压下挡水结构的设计和施工提供理论依据。针对深部岩溶水及挡水结构的防渗、突水点快速封堵、隔水层改造等大量使用的防治水工程，通过注浆材料的防渗性能研究，为开发可注性好、可控性好、高强度、低成本的高性能注浆材料和注浆工艺奠定理论基础。

（七）特殊矿井水害

重点研究近松散层采煤水砂突涌、大型水体下采煤安全开采上限、高承压含水层上带压开采、缺水地区保水采煤、废弃矿井水害及对地下水污染等特殊矿井水害问题。

（八）矿井水害综合防治理论技术体系

研究建立从矿井水文地质条件多手段结合综合探查、矿井水害预测预报（包括基于 GIS 的中长期预报和基于前兆因素的临突预报）、矿井水害预防（包括井下防水设施、监测监控装备、隔水层改造工艺等）、突水后被淹矿井恢复救灾（包括突水水源判别、突水通道探查、突水点封堵、疏干工程等）的关键技术等完善的综合防治水理论和技术体系。

三、矿井水害防治专业沿革及防治水人才培养课程体系探讨

1980 年中国矿业大学开始了具有煤矿特色的水文地质工程地质本科专业人才培养工作之后，原煤炭系统所属部分院校相继开设了水文地质工程地质专业。之前煤炭系统的防治水专业人员大都来自有关地质院校和少数煤炭中等专业学校。1998 年教育部专业目录调整后，原水文地质工程地质专业相应转变为宽口径的地质工程专业，或者更名为水文与水资源专业。大部分院校的地质工程专业分为资源勘查方向和工程勘察（或岩土工程勘察）方向，保留少量水文地质方面的课程。水文与水资源工程专业课程也大多受到水利类专业培养方案的影响，加强了地表水内容而削弱了地下水方向的内容，使得矿井水文地质人才培养受到很大的影响。还有的院校的水文地质方向直接改为环境科学专业已经和矿井水文地质的要求相去甚远。煤炭科学研究院西安分院水文所、中国矿业大学地质系从 1983 年开始培养水文地质工程地质专业的研究生，之后又在相关地质专业招收矿井水方向的博士研究生。中国矿业大学等院校在地质资源与地质工程一级学科博士点和博士后科研流动站培养防治水方向的高层次人才，2006 年国家安全生产技术保障体系专业中心矿山水害防治技术基础研究实验室获准建设。

矿井水害防治工作是一个巨大的系统工程，涉及的学科领域广泛，一个训练有素的矿井防治水专业技术人员，需要气象、水文、地质、采矿、力学、建筑、信息、材料、环境、管理等学科基础，因此在本科学习阶段，构建一个科学的课程体系就显得非常重要。根据矿井水害防治的现状和关键技术以及安全生产对矿井水防治技术人员的要求来看，本科专业课程体系可以按以下模块组织教学：地质基础、气象与地表水文、水文地质、工程与施工、环境科学、安全与风险管理、探测技术、信息技术、排水设备、采矿与力学。核心课程应该包括：地学基础、构造地质学、古生物与地层学、矿物岩石学、地貌学与第四纪地质学、测量学；气象学与气候学、水文学原理、水文预报与测验；水文地质学、地下水动力学、专门水文地质学、矿井水害防治、煤矿工程地质学；工程力学、水利学、钢筋混凝土结构、施工管理；环境学导论、矿井水处理、水资源污染控制、环境水文地质学；采矿工程概论、矿山

安全工程概论、风险评估与管理、排水设备；水文地质物探、钻探工艺；地下水数值模拟技术、3S技术及应用等。

实践环节应包括：地质基础实习、水文地质基础实习、矿井水文地质生产实习、有关课程设计（例如水文地质勘探设计、水闸墙设计等）、毕业实习、毕业设计（论文）等。

在防治水专业高层次人才培养方面，应该注重科学研究能力和创新能力的培养。抓住煤炭资源与安全开采国家重点实验室、国家安全生产技术基础研究中心等创新平台建设的重要机遇，建设国家级水害防治原始创新研究基地和成果转化平台，依托地质资源与地质工程、采矿工程、岩土工程等博士点，争取设立具有矿井水防治特色的水文学与水资源工程博士点，开展水害防治研究的高层次人才培养工作。建立学校与煤炭企业人才交流机制，利用共建博士后工作站等培养创新型人才，积极开展水害防治示范工程的研究、设计和施工研究，解决水害防治的关键和共性技术。

四、结论

（1）矿井水害严重地影响着煤矿安全生产，已经造成的人身伤亡和经济损失极为惨重，我国煤矿防治水专业技术人才匮乏，严重制约了矿井水防治的水平和技术发展。

（2）针对我国矿井水害的现状，今后一段时间需要解决的关键技术和优先发展方向是：研究复杂水文地质条件下大水矿区不同类型水害形成机理；开发研制基于突水前兆因素参数变化的矿井水害自动监测预报预警系统，研究建立基于GIS技术的中长期是矿井水害预测预报模型，研究开发矿井水害救灾快速反应指挥系统；研制开发高性能注浆材料以及突水点封堵、隔水层改造等关键技术和注浆工艺；在近松散层采煤水砂突涌、大型水体下采煤安全开采等特殊矿井水害问题上取得突破，形成矿井水害综合防治理论体系、技术手段和装备。

（3）针对矿井水防治专业人才的需求，在课程体系设置上可以按以下模块组织教学：地质基础、气象与地表水文、水文地质、工程与施工、环境科学、安全与风险管理、探测技术、信息技术、排水设备、采矿与力学。并积极依托国家重点实验室、国家安全生产技术基础研究中心等创新平台建设、依托有关博士点，开展水害防治研究的高层次人才培养工作。

◎ 参考文献

[1] 赵铁锤．坚持“十六字”原则落实“五项”措施努力构建煤矿水害防治长效机制［J］．当代矿工，2006（7）：6-8.

[2] 张展．煤矿水害已成为影响煤矿安全生产的重大问题之一．安全监管总局政府网站．http：//www. chinasafety. gov. cn/zhuantibaodao/2006-06/15/content_171863. htm

基金项目：国家重点基础研究发展计划项目（2006CB202205）、教育部新世纪优秀人才支持计划（NCET-04-0486）、2005 年江苏省高等教育教学改革研究项目（270）、江苏省高等教育协会“十一五”教育科学规划课题（js054）、中国矿业大学教学改革与课程建设项目（200616）资助。

（原刊于《中国地质教育》，2009 年第 1 期，第 26-29 页）

地球物理学品牌专业建设实践

董守华　隋旺华　祁雪梅

中国矿业大学地球物理学专业源于新中国成立初期原中国矿业学院煤田地质勘探专业物探教研室，经1952年院系调整成立北京矿业学院后，建立煤田地质系及煤田地质与勘探专业，同年成立物探教研室，是国内最早开展该领域教学和科研的高校之一。1960年正式成立应用地球物理专业。1998年教育部进行专业调整，应用地球物理专业调整为我校地质工程专业的一个专业方向，采用按专业大类招生和培养的方式。按照教育部高等学校地球物理学与地质类专业指导委员会意见，淡化理工专业界限，经教育部批准开设了地球物理学专业，是原煤炭系统唯一培养地球物理高级人才的本科、硕士、博士专业，也是江苏省唯一培养地球物理人才的专业。

在长期的办学过程中，尤其是在老一辈的传帮带下，优良的教风、严谨的学术态度和团结、务实、上进的团队精神得到了继承和发扬，为专业建设和发展奠定了坚实的基础，我校的地球物理学专业得到了长足的发展。通过多年的建设，形成了鲜明的专业特色。自1964年以来，本专业已为国家输送了2000余名毕业生，许多人已成为从事煤田地球物理行业的知名专家、学者或行政、业务领导，全国从事煤田地球物理技术人员中近80%是我校的毕业生。

经过半个多世纪的发展壮大，地球物理学专业在学科建设等方面取得了优异的成绩，为本专业的建设和发展提供了坚固的学科平台和支撑条件。依托于固体地球物理学硕士点和地球探测与信息技术2个博士点，该学科于1993年被国务院学位委员会批准为硕士学位授权点，1997年以地球物理为主的地球探测与信息技术学科点被批准为博士学位授权点，1999年该学科被批准为国家长江学者奖励计划特聘教授设岗学科，2007年被评为江苏省重点学科。作为“深部岩土力学与地下工程”国家重点实验室的一个重要组成部分，本专业拥有一大批国内外知名的教授专家和一支结构优化、梯队合理、素质优良的教师队伍，2010年被评为江苏省高等学校品牌专业建设点。

一、品牌专业建设的指导思想

品牌专业要求专业的综合实力强，办学积淀雄厚，人才培养质量好，社会认同度高，改革创新意识强，人才培养模式新，行业特色鲜明，引领行业发展，适应经济社会发展需要。对于工科专业来说，要搞好品牌专业建设，必须不断根据社会需求，更新人才培养理念[1-2]。

以教育思想、教育观念的改革与创新为先导，以前期教学改革与科研成果为基础，我们提出“转变教育思想、更新教育观念、加强素质教育、培养创新能力”地球物理学人才教学改革的指导思想，将自学能力、创新思维与能力、素质教育的培养融入创新型地球物理学专业人才培养的课程和教学环节，实现教学研究型向研究型的转变。以国家重点实验室、地球探测与信息技术博士点、江苏省重点学科、“长江学者”奖励计划特聘教授设岗学科等平台为依托，形成以煤田地球物理为主体、以矿井地球物理为特色的课程体系，按“3+5”、三层次、“三元结构”的人才培养模式，培养适应经济社会建设需要，系统掌握地球物理学方法的基本理论、实验技术和观测方法，各种地球物理信息的处理与解释方法，尤其是矿井地球物理探测理论和技术，具有较强创新意识和一定创新能力的复合型人才。

二、品牌专业的鲜明特色

一个能在市场中站稳脚跟的专业，除了具有品牌声誉外还应当有特色[3]。建设煤炭地球物理为主体、矿井地球物理为特色的课程体系。按照“宽基础，强能力、高素质”“好学力行、求是创新”的课程体系设置原则，以“采矿概论”“普通地质学”“地球物理学导论”“电磁场论”“弹性波动力学”“数字信号处理的数学方法”等地球物理类基础课程为平台，以“地震勘探原理”“电法勘探原理”“地球物理测井”“矿井地球物理勘探”“地震勘探资料数据处理”“电法勘探资料数据处理及解释”“矿井地质学”（研讨）“物探新方法新技术”（研讨）“岩性地震勘探”（演讲）“工程与环境地球物理勘探”为核心课程，构建突出矿井地球物理特色的课程体系。

经过半个世纪的建设与发展，地球物理学专业在煤炭资源勘查与开发方面形成了鲜明特色与优势，并有效地拓展至石油、冶金、矿山灾害及其环境效应等领域，在矿井地球物理勘探技术领域一直处于国内外领先地位，是我国本领域人才培养与科技创新的重要基地，对本领域的科技进步与技术创新始终起着引领作用。

三、设置有利于创新人才成长的培养模式与课程体系

按照创新的三层次、“三元结构”人才培养模式进行人才培养。保持优势，拓宽领域，设置合理的柔性专业方向，把课程体系分为人文社科基础课与理工科基础课、学科群基础课、专业基础课与专业方向课三个层次，增加了实践时间；开设了设计性、综合性实验课和学术活动等教学环节；在教学中，设立了研讨课、演讲课；在教学组织形式上，将传统的“课堂教学—实践教学”二元结构延伸为“课堂教学—实践教学—科技活动”三元结构，把科技活动作为其中的一个重要环节，注重科研与创新能力的培养。

创新能力培养平台要以培养目标作为宗旨，培养方案的制订应反映学校的办学指导思想，符合建设研究型高水平大学的办学理念和专业人才培养目标的具体要求。结合我校地球物理专业的现状，积极借鉴国内外高校的有益经验，我们制订我校地球物理学专业的培养目标：培养适应我国社会主义现代化建设需要，德、智、体、美全面发展，掌握地球物理学的基本理论、方法和技能，具备较高外语及计算机水平，具有较好的科学思维、创新意识和较强实践工作能力，能够在地球物理学、煤田与矿井地球物理勘探、地下工程探测等相关领域从事科研、教学、管理、咨询工作的高级专门人才。

（一）从教与学两个主体方面在政策上为学生搭建创新教育平台

从理论上看，任何完整的教学活动都包括教与学两个方面。在应试教育中，学生被当作“有待注入知识的容器”，在教师面前始终保持着一种被动状态，学生应有的主体地位通常得不到保障。创新教学要求充分尊重并切实保证学生的主体地位，以学生为中心实施教学，确立学生在教学过程中的主体地位，建立与创新教育相适应的教育平台，但并不因此而否定教师的作用。

为了鼓励学生自主创新能力的锻炼和培养，我们制订了一系列的鼓励政

策和办法，对增强学生的创新意识，提高创新能力，起到了巨大的促进和推动作用。①大学生课外学术科技立项及创新成果奖励办法；②“科研创新”培养环节大纲；③大学生课外学术科技研究立项申请书；④大学生课外学术科技项目中期检查表；⑤大学生课外学术科技项目验收表；⑥大学生课外学术报告记录表。在上述政策办法中，既有科技研究立项、培养过程和考核的具体要求，也有中期检查和项目验收的政策和办法，确保大学生课外科技创新活动有始有终，既要严格要求，又有鼓励、奖励，从而使学生受益。

根据科研创新培养的目的，要求学生根据本人实际，有目的地选择方向，从第四学期开始，到第七学期结束，按考核内容以独立或团队的形式进行该环节的活动，最后提交“科研创新”成果登记表及旁证材料。

对大学生的创新教育应分类管理，以不同方式进行考核。对于少数基础好、研究能力强的学生优先予以申报或资助，凡是在校级以上的各类大学生创新活动中取得名次的，经考核小组确认，均可认定该学生直接通过科研创新教育环节。对于大多数学生，每年由各专业教师提出一定数量的论文题目，由学生自选，定期在全院范围内开展学生研究成果的交流。要求学生提交自己撰写的研究报告，汇报自己的研究成果，交流学术研究经验和体会，经组织者确定，达到大纲要求，研究要有一定深度，禁止抄袭，则予以通过。每年投入1万元用于大学生课外学术科技研究立项，并全额资助学生论文版面费与专利申请费。

（二）初步建立有利于创新培养的课程体系

地球物理专业教育内容由通识教育、专业教育和创新教育三部分组成：①通识教育，包括人文社会科学、自然科学、经济管理、外语、数学、计算机信息技术、体育；②专业教育，包括本学科基础、本学科专业、专业实践训练等；③创新教育，包括专业导论、创造学、学术与科技活动、社会实践、研讨课、演讲课、双语教学、自选活动等。

改变传统的教学方法，探索创新型教学模式实施创新教育，培养高素质的创造性人才，教学方法改革是极其重要的一环，在课程体系进行了研讨课和演讲课教学方式改革。①“专业导论”通识教育课程中的公选课的形式是组织教学，课程邀请国内外院士、著名学者、专家、教授进行讲授，以实现名师与新生的对话，架设教授与新生间沟通互动的桥梁，缩短新生与教授之间的距离，激发新生的学习热情，为后续学习打好基础。②研讨课、演讲课。在学生经过一、二年级创新意识树立、创新方法学习阶段后，二、三年级逐步开设研讨式课程，在教师的指导下激发学生理论探索的主动性，初步培养学生的科学探索精神和综合分析能力[5]。

演讲课是一种交互式教育，它是激活创造性思维的重要途径，也是口才教育的一个方面。演讲课强调以学生为中心，在整个教学过程中，教师起组织者、指导者、帮助者和促进者的作用，利用会话、演讲等学习环境，发挥学生的主动性、积极性和首创精神，使学生通过思维建构所学知识体系。如“地震课程设计”课程实践环节，2~3 人一组，全面模拟投标过程，每组学生按投标文件要求进行课程设计。该环节的考核以演讲的形式开展，每组由 1 名同学汇报设计的情况，汇报时间 10 分钟，提问 5 分钟，考核小组由教师与学生组成，并根据技术标与商务标进行打分，得出本次设计的成绩。课程实践充分调动了学生主动参与积极性，锻炼了学生演讲与人沟通的能力。

但必须注意的是，研讨课、讲演课要求教师和学生必须建立起良好的师生关系，教师以平等之心对待学生，给学生创造一个开放、宽容的学习环境，使学生充分发挥想象，自由思考、自由创造、自我表现。

四、学科的支撑与师资队伍建设是品牌专业建设的基础

教师的学术水平主要通过科研能力来评价，以高水平、高层次的基础研究项目为龙头，通过积极引导自发组织科研团体，形成学科优势。高水平教师始终站在学科的最前沿，通过教学和教育活动，引导学生掌握科学知识，学习科学方法和培养科学态度[4]。经过半个多世纪的发展壮大，地球物理学专业在学科建设等方面取得了优异的成绩，为专业的建设和发展提供了坚固的学科平台和支撑条件。

该专业依托于固体地球物理学硕士点和地球探测与信息技术博士点，拥有一大批国内外知名的教授专家和一支结构优化、梯队合理、素质优良的教师队伍。现有教师 17 名，其中教授 7 人、副教授 6 人、讲师 4 人，另外有高级实验师 1 人。本专业教师队伍中，100%具有硕士以上学位，其中具博士学位的教师占 76.5%，一批中青年教师相继成为专业方向的学科带头人，已成为我国该领域人才培养与科技创新的一支重要力量，并具备强劲的拓展前景

和发展后劲。

近五年来，创建了1个“应用地球物理”校级优秀创新团队，“地球探测与信息技术”团队获江苏省优秀学术梯队，1人入选江苏省“333高层次人才培养工程”首批中青年科学技术带头人，1人为教育部高等学校地球物理学与地质类专业指导委员会委员，3人成为省级和国家级优秀教学团队“地质工程专业主干课程群教学团队”成员，1人获江苏省五一劳动奖章，1人获孙越崎“青年科技奖”，1人入选煤炭系统专业拔尖人才“百万人才工程”。

2000年以来承担省部级以上教改项目2项、校级教改项目6项，获国家教学成果一等奖1项、省级特等奖1项、省级奖6项，出版教材2部，发表教改论文20余篇。承担了国家“973”计划项目课题6项、“863”计划专项2项，国家自然科学基金面上项目5项，国家科技支撑计划课题1项，国家重大专项课题2项，教育部、国家计委等项目3项，以及企业地方委托项目112项；获国家科技进步奖二等奖3项，省部级科技进步一等奖2项、二等奖6项、三等奖12项。

五、效果与体会

通过近几年的改革和建设，中国矿业大学地球物理学专业学生创新精神和实践能力普遍较强，2005级、2006级学生公开发表论文75篇，2008—2009学年地球物理学专业学生专利申请达到26件，2008年、2009年、2010年均获得国家大学生创新性实验计划资助。毕业生以基础扎实、实践创新能力强、作风朴实而著称，深受用人单位的好评，近几年毕业生一直供不应求。学生专业基本功扎实，应届生考研录取率近5年平均35%以上。

在探索和实践中，我们体会到，品牌专业建设要坚持先进教学理念，根据专业发展的历史沉淀，定位要准确，特色要鲜明，不断改革教学模式、课程体系与教学手段，以创新能力培养为目标，不断充实、调整、完善、改进教学的各个方面，促进品牌专业建设。

◎ 参考文献

[1] 蒋有录，查明，任拥军，等．“资源勘查工程”品牌专业建设的实践和体会［J］．中国地质教育，2008（1）：74-79.

[2] 殷翔文. 积极调整高等教育学科专业结构大力建设品牌专业和特色专业[J]. 中国高等教育, 2001 (9): 14-15.
[3] 林年冬. 品牌专业的示范性功能刍议 [J]. 高教探索, 2005 (4): 65-67.
[4] 吴倩. 研究教育型模式下的品牌专业建设战略 [J]. 江苏高教, 2005 (6): 91-92.
[5] 陈素燕. 从宁波诺丁汉大学的学术训练看创新人才培养模式的构建 [J]. 中国高教研究, 2007 (3): 89-90.

(原刊于《中国地质教育》, 2011 年第 2 期, 第 55-58 页)

中国矿业大学创办钻探专业的47年

马植侃　隋旺华　胡德成　李巨龙　刘裕国

中国矿业大学开办的钻探专业经历了朝气蓬勃、兴旺发达、坎坷崎岖、风风雨雨为新中国煤炭工业发挥作用的47年。

现在的中国矿业大学前身是焦作工学院（1909—1949），后经历了天津时期的中国矿业学院（1950—1953），迁北京后的北京矿业学院（1953—1970），“文革”中迁往四川华蓥山的四川矿业学院（1970—1980），1980—1988年在江苏徐州重建中国矿业学院，从1989年开始建立迈向21世纪的中国矿业大学，至今前后经历了90年。

1949年中华人民共和国成立后，为了恢复国民经济，发展工业，“煤是工业的粮食”，找煤、采煤，寻找开矿基地，急需勘探、钻探工作，培养钻探工程技术人员就迫在眉睫。1952年国家把这个任务下达给当时的中国矿业学院，即将1951年已招生的五年制的煤田地质专业改为钻探专业，并要求学生在1953年暑假毕业后，即走上工作岗位，投身到工业建设的浪潮中去。众所周知：国民党留给新中国的是一个烂摊子，在钻探行业方面也不例外。当时要完成这个任务面临三大困难：一是缺乏教师与教材；二是无教学设备；三是学生要接受这个改变，一时想不通。燃料工业部给予了大力支持，派穆同田工程师来校讲授钻探工程课，并给学校添置了新钻探设备，调来了一部分旧钻具，使办这个专业具备了起码的条件；学院党委也给予了强有力的领导和支持，抽调了刚从唐山交大院系调整来的教师陈北聪助课，并接任以后钻探工程的讲课任务；派刚从天津大学（原北洋大学）统一分配来的青年助教马植侃从速学习，要求在1953年寒假后开学目讲授钻探设备课，当时3门主课的另一门山地工作与探采掘进课由重庆大学采矿系毕业的张增藩同志担任。

同学们开始有点想不通，经过做工作，很快就愉快地接受了这个巨大的改变。同学们毕业后在各部门出色的工作就充分地证明了这一点。

下一步就是如何办。当时只能“一面倒”向苏联学习。根据苏联五年制的探矿工程教学计划改为钻探专业，培养目标是全方位的，面向全国各部委，精减、压缩开课的门数，专业技术课只开钻探工程、钻探机械及山地工作与探采掘进3门课；基础课方面，不减地质基础课，保留技术基础课；并在实习、实验教学环节中加强对实际工作能力的培养。1952年又招了100人，分2个班，一个班学勘探，另一个班仍学钻探。为两年制，规定1954年毕业。此时又进行了院校专业调整，停办了我校的钻探专业恢复为原来的煤田地质专业。后来，北京地质学院先后请来了多位苏联探工方面的专家讲学。我校的钻探教师利用这个机会向专家学习。又考虑到煤炭系统今后仍需要大量钻探技术人员的情况，将作为煤田地质教学计划中的专业课——“钻探工程”适当地加强，在提高讲课效率的同时，充分利用原有的钻探教学设备及实验室加强对学生实际工作能力的培养，力求钻探课程设计结合生产实际，并在教学计划中的3个实习环节尽量与钻探相结合，还在毕业设计的专题部分安排1/3~1/5的学生作有关钻探方面的内容。这样做的目的是为煤田地质专业的学生毕业后，主要仍从事煤田地质工作，但对钻探工作也比较熟悉，能使之与他们的主要工作密切配合。实践证明，在他们的工作中起到很好的作用。

1956年，党号召向科学进军，我们也和全国其他高校一样，破除迷信，解放思想，敢想敢干，开始接触我们以前不熟悉的科研工作。1958—1962年，在煤炭部地质司的领导下与河北138队合作进行“高速钻进”与“钻探四化”的科研工作，与河南102队合作进行“钻探四化”科研工作，与煤炭部石家庄煤矿机械厂进行“小口径涡轮钻具”的研制工作，对促进现场开展“双革”工作，提高教学质量，促进教师成长起到了积极作用。1960年，我国教育界恢复学衔制后，钻探教师马植侃被第一批破格提为副教授，并自1961年开始培养钻探研究生。我校第一届钻探研究生冯世岑，1961年入学，经过一年填平补齐补作毕业设计，1962—1965年学习三年，1965年毕业，毕业论文题目为“涡轮及涡轮钻具部分参数测量理论及测量方法的研究”。该研究生毕业后分配到煤科总院工作。1966年我国计划继续招生，因“文革”终止。

1965—1966年，煤炭部全国钻探劳动模范杜青荣设想研制全液压钻机以改变钻探设备落后的状况，打报告给薄一波副总理，薄副总理批示给煤炭工业部长张霖之，张部长交待给我校张学文书记具体组织实施。即从各系抽调机械制造、液压、电子自动化方面的教师组成“全液压钻机攻关组”，“文革”前工作开展顺利，已具相当规模，1966年“文革”开始后，该项目转移到黑龙江110队，项目暂时中止。“文革”后煤田地质总局研制出的“GZY全液压钻机”就是在上述基础上延伸而来的。

经过“文革”，煤田钻探工作也和全国其他工作一样遭到很大的破坏，钻探技术人员流失，技术停滞不前，生产效率下降，组织管理混乱。1976年粉碎“四人帮”后，据不完全调查统计，当时煤炭系统全国有百余个勘探队，而钻探技术人员不足400人，其中大部分是现场提拔的钻探技术人员，大专以上40岁以下的钻探技术人员不足百人。“文革”后，遭到严重破坏的生产亟待恢复，煤田钻探这个行业也不例外，因此，迫切要求我校继续培养钻探技术人员的信息从各个方面传来。在这种形势下，我们开始了向各有关领导申请再办钻探专业的漫长的旅程，前后做了10年工作，于1985年才获批准恢复再办钻探专业。在这申请的漫长10年中，为解决迫切需要钻探技术人员的燃眉之急，我们开办了一系列的短调整、培训班，提高原有的钻探技术人员的技术水平。如1976年刚粉碎“四人帮”后在湖南耒阳办的“小口径金刚石钻进”培训班，计划1976年9月1日在河北唐山开办，后因唐山地震而未能实现的全煤炭系统推广“绳索取心钻进技术”培训班。1977年为煤田地质总局江苏、安徽2省钻探技术人员在江苏镇江办的提高培训班，时间为1年。进入80年代后，各地质勘探单位、钻探技术人员奇缺，严重影响了钻探技术及新工艺的推广应用，针对这种局面，我院应煤田地质第一勘探公司的要求，于1983—1985年举办了1期二年制钻探专修班，共招收学员近40名，学员基本上是各生产单位的业务骨干，普遍具有一定的实际工作经验，他们在校系统地学习了大学基础课程，又系统地学习了钻探专业的专业课程，经过2年的学习，取得了很好的成绩，学员们的理论及业务水平都有了很大的提高，现在基本上都成了各单位独当一面的业务骨干和领导干部。所以。在煤炭高校钻探专业未正式恢复招生的情况下，开办该班，既缓解了各勘探单位专业人员奇缺的状况，为各单位输送了一批具有一定专业水平的技术人才，又为恢复钻探专业招生奠定了基础。

1985年我校恢复探矿工程专业招生后，当务之急就是重建教师队伍。江苏省煤炭厅大力支持我校的工作，并选派了煤炭系统全国劳模、高级工程师胡德成、刘清莲夫妇前来支持。当年即在徐州校区本部开始招本科生，至1998年已培养了9届234名探矿工程专业毕业生，并同时在徐州、北京两地招收硕士研究生6届。基本满足了这个阶段煤炭系统探矿工程专业人员的需要，有力地促进了煤炭系统探矿工程行业生产、科研的完成和发展。

1980—1995年，还完成了“复合片钻头的研究”“ZT—A型两脚轻便钻塔系列化的研究”“煤系地层岩石可钻性分级方法的研究”及“隔离巨厚松散层套管的起拔研究”等科研项目。

1995年4月，我校在原煤田地质系的基础上正式成立“资源与环境科学学院”。将原有的9个教研室和1个研究室归并为4个系，即资源科学与工程系、环境科学与工程系、信息处理与地球物理系及市政工程系。探矿工程专业划归市政工程系，专业为“勘察工程（计算机应用）”。

八届人大二次会议确定的国民经济发展速度为今后“若干年保持8%～9%的速度”，建筑业完成产值年平均增长速度将达到12%，按现行价格标准保守计算，建筑业年平均产值约6200亿元，主要用于房地产、城镇及开发区建设、交通设施建设、能源建设。由于建筑基础工程建设费用占建筑业的10%，是一个巨大的建筑市场，因而勘察工程在新的社会及市场需求刺激下向新的建设方向发展，已初步形成以建筑基础工程勘察与施工为主体的格局。据统计，目前整个地质市场创收的90%来自建筑基础工程施工。这主要包括：土木建筑基础勘察施工、市政工程建设、道路交通工程、环保治理工程、地质灾害工程、地下大型建筑勘察施工、软弱地基改造处理等。

为适应国家形势发展的需要，遵照国家教委教改文件精神及煤炭部科技发展战略，并从我校实际情况出发，设置“建筑基础工程施工与管理专业”，更能体现本专业的社会职能，不仅能为国民经济建设服务，培养此类专业的急需人才，而且能使中国矿大在这一领域占有重要的一席之地。从目前来看，至少可以培养和带动大批煤炭系统队伍走出低谷，走进市场。

经过几年的实践，考虑到学科的交叉和拓宽，经研究，在原先的体制基础上进行了进一步的改革：学院下设3个系，即资源科学与工程系、信息处理与地球物理系、环境科学系，将市政工程系并入环境科学系，下设7个专业方向。它们是：

（1）煤田、油气地质与勘探；

（2）资源开发计算机应用；

（3）宝石学；

（4）应用地球物理与信息处理；

（5）水文、工程与环境地质；

（6）岩土工程与工程勘察。

要求通过学习岩土力学、工程地质学、城市工程学、基础工程学、钻探工程学、岩土工程监理的基本理论，掌握各类建筑地基岩土工程勘察的方法和技术，具有从事工程监测、监理等方面的组织和管理知识。毕业生可服务于各类建筑设计院、城市规划部门、岩土工程公司等勘察、设计、施工、管理单位和相应的科研教学单位。

（7）建筑基础工程施工与管理：

要求学生掌握工程力学、机械设计、电路与电子技术、基础工程学、岩石力学、岩石破碎与钻进等基础理论知识，具备从事建筑基础工程勘察、设计、施工组织与管理的工作能力。毕业生可从事各类建筑工程的基础工程勘察、施工与管理，也可从事各类矿产资源的勘探施工及技术管理，服务于建筑设计院、基础工程公司、地质勘探部门和相应的教学科研单位。

根据这几年的实践经验，资源与环境科学学院专业方向设置还是偏多、偏窄，因此准备在九七级中将专业方向进一步调整为：将煤田、油气地质与勘探，应用地球物理与信息处理，水文、工程地质 3 个专业方向合并为一个大地质类专业方向，称为资源勘查工程。将宝石学、建筑基础工程施工与管理归为地质工程专业大类中去，本科生双向选择的同时，将其相关的内容纳入高等职业技术教学范畴，相继开办“宝石技术”和“建筑工程勘察”两个专业，进一步面向经济建设主战场。

这就是煤炭系统高校中唯一的探矿工程专业自 1952 年创办以来朝气蓬勃、兴旺发达，坎坷崎岖，风风雨雨的 47 年。今后将根据市场经济发展的规律向“建筑工程勘察方向”等方面发展，继续为建设具有中国特色的社会主义市场经济作应有的贡献。

（原刊于《探矿工程》1999 年增刊，第 54-57 页）

世界一流学科非一日之功

我校（中国矿业大学）在“十三五”发展规划中提出，集中力量加大投入，争取4~6个学科领域进入ESI前1%。根据2016年3月ESI（基本科学指标数据库）的最新数据结果，我校地球科学学科进入ESI全球排名前1%，全校上下为之欢呼。为此，记者近日采访了资源与地球科学学院院长隋旺华教授。

一、把世界一流挺在最前

记者：

您对于ESI全球排名怎么看？谈谈我校地球科学学科进入ESI全球排名前1%的一些情况。

隋旺华：

目前，国际上关于大学和学科的排名很多，ESI全球排名是大家公认的指标之一。它考虑的因素比较多，特别是在论文发表量的基础上考虑引用数，相对比较客观公正。

这次地球科学进入ESI全球排名前1%，值得学校高兴，这也是最近几年来学院一直关注、谋划的事情。我校是工科为主的院校，一直以来在ESI上排名压力非常大。因为像江苏大学都已经有5个学科进入ESI全球排名前1%。当然，我校材料科学、化学学科应该很快能上去。我校在这方面比较薄弱，主要是因为我们启动得比较晚，很多学校十年前就开始谋划这个事了。

这次地球科学的成功，原因是多方面的：一是学校高度重视；二是包括资源学院、安全学院、环测学院、矿业学院等我校20多家单位的老师、研究生辛苦付出；三是中国矿业大学南北两地共同努力。我们和中国矿业大学（北京）的相关学院关系非常密切，每年交流不断，特别是在学科方面，南北两校一直共扛一面大旗，合则两利，分则两伤。

除了 ESI 全球排名问题，在教育部主导的学科评估方面，资源与地球科学学院也承担着巨大的压力。学校在“十三五”规划里提出了地质资源与地质工程全国第三、地质学全国第五的目标，这对我们来说是一个非常重的担子。在教育部 2012 年第三轮学科评估中，地质资源与地质工程专业和吉林大学并列全国第四，和排第三的成都理工也就差一点，这次如果全力冲击第三应该是没问题的，但同时要地质学冲击第五，困难就非常大了，因为这两个学科评审时很多成果不能冲突，不能重叠。另外，传统的老牌地质院校虽然被一些综合性大学合并，但实力一直非常强，最近几年发展也挺快，像长安大学的地球科学与资源学院、吉林大学地球科学学院都是从过去的单科学院转化而来，实力非常强。

虽然面临困难，但地质人有吃苦耐劳、勇挑重担的精神。地质学科也是中国矿业大学的传统优势学科，整个地学的历史伴随着矿业大学的历史。历史上，矿大在地质学方面不乏著名科学家，像翁文灏、何杰、高文泰、韩德馨等，也培养出了一大批优秀的地质科学方面的人才。所以对于学校提出的办成世界一流学科的任务，我们有信心、有决心、有能力完成。

二、做好煤炭这篇大文章

记者：

目前，新能源革命蓬勃发展，请您谈谈资源与地球科学学院的学科发展方向。

隋旺华：

有人讲，“在中国，煤炭是大能源，做了一篇小文章，石油是小能源，做了一篇大文章”。这句话讲的是事实，但反过来想，为什么煤炭就不能做一篇大文章呢？

环保部部长陈吉宁在今年两会上为“黑色煤炭”正名。他说：“过去人们一说到煤炭就感觉很脏，现在要为煤炭正名，煤炭清洁利用其实可以比天然气更环保。”所以，要做好煤炭这篇大文章，一定要适应形势发展，不断转变思路。我们前一段时间也规划了学科发展的主要方向。

第一个方向是煤炭资源的探测。例如，煤层气的探测，这些年秦勇教授带领的团队在全国应该是做得最好的了，在全世界也是非常有名的，但主要还是集中在资源的评价方面，开发方面相对做得少一些。下一步，我们要把煤层气资源与探测过程实验室建成一个国家级的平台。还有煤炭地质，现在对煤炭资源关注的人相对比较少了。很多人可能感觉研究得差不多了，很难再出成果。但从资源、能源战略的角度，国家还是非常重视的。国家能源局统计，一直到2050年，煤炭作为一次能源还是要占到50%以上。最近两年关于煤炭地质方面的国家自然科学基金申报的人比较少，国家自然科学基金委员会也建议我校牵头加强煤炭地质方面项目的申报。这也是为国家的能源安全提供保障。

第二个方向是煤矿安全，或者叫安全地质。安全地质主要是做矿山，也包括城市地下工程，它涉及整个地质环境的安全问题，这是我们发展的一个主要方向。我们学院的科研大概一半围绕资源，一半围绕水灾害防治作为文章，已经在瓦斯地质、水害防治方面做了大量的科研工作，承担了国家“973”项目的部分课题，现在一些先进的技术，包括煤田的三维定点勘探实际上最早也是我们学院研发的。

第三个方向和环境有关，主要的学科是地球化学。煤炭里面不仅仅是碳、氢、氧元素，还有很多伴生元素。我们要研究煤炭有哪些有害元素，它们在地质过程当中怎么变化，在利用过程当中怎么迁移，最后怎么到了空气里面危害人体。我们的研究主要是从源头上搞清楚不同地方的煤都包含什么成分，该怎样利用。

当然，这些仅仅是大的方向，还要有一些拓展，比如说海底资源勘探、水合物的开采、深空采矿等。

三、推动青年教师尽快“冒尖”

记者：

最近两年来，我们学院的人才队伍建设大概是一个什么情况？

隋旺华：

人才问题是全校的问题，资源地球科学学院一直非常努力，试图通过外引与内培两手抓，解决人才发展瓶颈。

学院积极引进师资，在教师总量和博士学位教师数量上完成了学校要求，还实施了卓越人才培养计划，积极引导青年教师成长，配备指导教师，鼓励青年教师进入科研团队，积极申请国家青年基金等纵向项目；学院每年举办全院的学术会议、青年教师学术报告会，鼓励青年教师交流经验，互相促进。

目前，学院已经打造出了一支素质优良、业务精湛、数量充足、结构合理、充满活力的教师队伍。2015 年末，教师总数达到 110 人，90%以上的教师具有博士学位；建成部省级科技创新团队 2 个；新增国家级教学团队 1 个，省级教学团队 1 个；柔性引进海外教授 5 人，国内专家 5 人来校从事教学科研工作。

这次入选国家“千人计划”青年人才项目的李福生教授，是我们从美国引进的一位教授。李福生在上海交通大学读的本科，后来到美国读了硕士、博士，曾在几个大的石油公司上班，曾担任世界五百强企业荷兰皇家壳牌公司休斯敦技术中心高级研发人员，具有丰富的研究经验，发表了不少论文，现在全职在我们学院工作，这是非常难得的。

虽然教师队伍整体发展不错，但冒尖的青年人才还是非常匮乏的。上次学校召开首次优秀青年教师学术发展研讨会，全校遴选了 9 名优秀青年教师，我们也申报了，可是没有选上，这说明我们学院青年教师与学校其他学院相比还是有差距。

教师队伍整体发展得不错，得益于校、院、所三级管理体制改革。这个体制我们学院已经运行十几年了。研究所实际上做成了教学、科研、研究生培养的实体，和几个教授独立支撑的以科研为主的研究所大不相同，也和以前的教研室完全不是一个概念。以前的教研室只管教学，科研基本不管，研究生培养也不管，现在我们研究生开题、答辩，全是在研究所里面。另外，除了学院有教授委员会，研究所里面也组建了教授委员会，负责学术上的事。学术上和行政上权力尽量分割开，实现了研究所的学术自治，这在全校也不是多见的。

四、建立学术研究新常态

记者：

请结合国际学术交流情况谈谈学术研究方面的一些看法。

隋旺华：

学校提出“三个世界一流”的发展目标，这和国家世界一流大学、一流学科的“双一流”的目标是吻合的，我们学院的发展要立足中国国情，瞄准世界潮流，不仅仅是学习国外的先进技术，更重要的是学习国外的一些先进的学术研究运行机制。

学院现在每年都有国外的学者来授课。现在，美国斯坦福大学一名教授正在学院讲课，今年已经是第二年了。之前，德国德累斯顿工业大学莱布尼茨生态与区域发展研究院的一个副院长每年来给研究生上一门课，连续上了三四年，非常认真，效果也很好。还有加拿大多伦多大学、美国太平洋大学等学校的学者都会来校为本科生或者研究生上一门课程。

像这种国际合作，一方面对学生来说是开阔了视野，另一方面对教师来说也促进了学术交流，营造了很好的国际合作氛围，同时也可以借鉴别人的管理方法。

在与国外交流的过程中，我们想引进一些教师，像斯坦福大学的一位教授，我专门跟他谈能不能来当我们的“长江学者”，但未能成行，原因在于他是斯坦福大学的全职教授，全职教授不允许在外边兼职，这个要求很严格。但斯坦福大学的研究教授就可以在外面兼职，像高等学校学科创新引智计划（简称“111计划”）中我校引进的李克文，他是美国斯坦福大学能源资源工程系研究主管和高级科学家，在石油和热储工程领域有超过 30 年的研究经验。

从创建世界一流大学的角度来看，国外大学的机制还是值得借鉴的。我们应该有全职教授，还要有一批专门做研究的教授，研究教授是不上课的，基本就是做研究、写论文，还要有一大批博士后。要吸引一大批博士来学院工作，博士后应该成为科研的一支重要力量。咱们学校这两年也开始申请师资博士后，这对于短期内促进学校论文增长有推动作用，青年教师也可以增添一个科研经历，但对整个学校发展意义非常有限。

其实，原来学校曾经想设置几百个专职科研岗位，这倒是个不错的计划。像我们双肩挑的教授，整天既教学，又科研又开会，很难有大块时间去写文章，即使写文章通常我们都不当第一作者，都是让研究生当第一作者，我们当通讯作者。

当然，写文章和做实际的工程实践是两个不同的概念，毕竟我们是工科院校，靠的是工程实践，特别是现场实践以及解决实际问题的能力。学院拥有“地质资源与地质工程”“地质学”两个一级学科博士点，一个是工学，一个是理学，做到相互支持、相互促进、交融发展非常重要。

（原刊于：https：//xtcx. cumt. edu. cn/cf/2c/c3471a315180/page. htm，2016-03-31）

第二编

课程与教材

如何讲好一门课

隋旺华

从第一次怀着忐忑不安的心情走上讲台到现在，已有十几个年头了。其间，我先后为本、专科生和研究生开设课程十几门次。在老教师的言传身教下，我积极开展教学研究，不断提高教学质量，对“怎样讲好一门课”有了些粗浅的体会，现以地质工程专业基础课“土质学与土力学”为例做一简要介绍，与各位老师探讨。

一、不辱使命，爱岗奉献

教师是科学文化知识的传播者，是精神文明的建设者，是人类灵魂的工程师。在教学活动中，教育方针能否贯彻，培养目标能否实现，教师起着主导作用。高校教师肩负着为社会主义经济建设培养合格人才的重任，只有勤恳工作，努力奉献，创造性地履行自己的职责，才能不辜负党和人民的重托。强烈的事业心、责任心和奉献精神是干好本职工作的立足点和出发点，教学工作尤其如此。只有这样，才有可能为了解决一个疑难问题，而花三五天时间去图书馆查阅资料；才有可能为了讲好一节课、一个知识点而花上课时间十几倍甚至更多的时间去备课；才有可能为了提高教学效率和效果去努力学习新的教学方法，运用现代化教育技术，开拓新的知识领域。作为一名教师，要始终把如何改进教学方法、提高教学质量放在首位。

二、把握实质，优化整体教学方案

按现行教学管理制度，课程教学任务一般都在开课前半年到一年下达。这段时间是备课的关键阶段。对于新开课，首先要吃透课程的内容；对于开过的课程，也要补充新的进展和资料，加深对教学内容的理解。要从整体上把握课程的科学体系，不能只见树木，不见森林。这里不是讲哲学，也不一定在教学中强调出来，而是说，教师首先要从哲学的高度去思考问题、把握实质。如在“土质学与土力学”中，许多考虑问题、分析问题的出发点就包含着深刻的辩证思维；教师首先要明确对学生今后的工作和考虑工程问题至关重要的思想方法。例如，许多工程失效的根本原因就是没有具体分析当地的岩土条件，没有做到实事求是；岩土是在漫长的地质历史上形成的，要预测岩土在工程活动作用下的变化，就必须了解其形成的历史过程：土的先期固结压力、受力历史就反映了历史的发展的观点；相系间的相互作用是土力学的最基本出发点，它包含着事物相互作用、相互联系的观点。对于一门课程实质的认识，是有一个过程的，也是逐步深化的，因此，要不断地思考。在此基础上，对一门课的讲授要有一个总体的教学设计，参照教学大纲的要求，合理分配讲课、实验练习和自学的比例，明确重点和难点，重点和难点通过什么教学途径来解决，对某一单元或章节采用什么教学手段、方法也要做到心中有数。如 1998 年我为岩土工程专业方向（96 级）开设的“土质学与土力学”，总学时为 64 学时，实验 10 学时，习题课和讨论课 14 学时，讲课 40 学时，课外自学安排 2 章。课程的重点是：土的物质成分和结构、土的物理性质、土的水理性质、土的力学性质、地基土沉降计算、地基承载力计算、土压力和土坡稳定性。课程的难点是：物理性质指标间的换算、极限平衡条件的运用、地基土中应力分布等，实质问题有相系间的相互作用、有效应力原理等，需要讲深、讲透，融会贯通。对课程的总体把握和教学设计要集中反映在教学日历中，因此，填写教学日历的过程就是对课程教学整体设计的过程，绝非可有可无，每次都应认真对待。

三、依据特色，细化单元教学方案

在总体教学设计的基础上，对每一教学单元的内容应拟定详细的教学方案，明确每一单元的重点、难点、教法。依据教学内容，选择适宜的教学方法。注意工程实例的引导作用；精选案例；精选媒体素材；精选思考和练习题，每一个习题解决什么问题，要目的明确。如物质组成和结构一章，涉及土的形成、粒度成分、矿物成分、微观结构等形象化的内容，在教学中就采用多媒体教学手段，选用大量的图片等，制作课件，给学生一个清晰、准确的概念，并结合实物标本的使用，获得良好的教学效果。“土的物理性质”一章，主要是土的三相之间的比例关系不同引起的土的物理状态的不同，公式推导、计算换算较多，除使用一些实物标本外，基本采用板书讲授，同样达到了较好的效果。要积极运用现代化教学手段加大信息量、提高授课效率，把一些难以讲清楚的问题形象化。

四、信息反馈，因材施教

教学目的是否达到，需要通过多方面的信息反馈，信息的收集有多种途径，如上课时观察学生的反应、通过课堂提问及时了解学生对讲课内容的理解和掌握程度；答疑、质疑、习题课、作业、试验报告等都可反映出一些教与学的问题。在“土质学与土力学”的教学过程中除采用以上方法进行信息收集外，近三年来，我还连续试行了单元问卷调查方法，即在每一单元结束后一段时间，对该单元中要求学生应该掌握的知识、方法，应具备的能力、思考问题的方法等进行问卷调查，及时归纳总结，适时对教学中的问题进行改进。问卷设计要简明扼要，不要占用学生太多的时间，这就需要教师对每一单元的内容从总体上把握准确。

为了培养学生的创新精神，讲课中要重点讲解知识获得的过程。人是知识的最活跃的创造者和最重要的载体。任何知识的创造均有其历史的背景和思维过程。了解这一过程对启发思维和激发学生的创造性是很有意义的。要使学生了解自然现象、规律、定理发现、发展的过程，知道其来龙去脉、条件、发展趋势。习题课要鼓励一个题目找出多种解法，不要事先限制学生的思维，适当布置一些课堂上没讲的内容，让学生通过自学去解决问题。对于一些内容可以采用学生自学与课堂报告的形式，如“土质学与土力学”中土的工程地质分类和特殊土的工程地质性质部分，学生可以综合运用已学的知识通过自学掌握，我将其分成 8 个专题，请 8 位学员做专题发言，然后，大家讨论，教师补充和总结。这种方法我试用了五届，学生普遍表示欢迎，认为增长了知识，锻炼了能力。

教师要经常用自己的创新劳动和成果鼓励学生去勇于发现，勇于创新。

五、调动学生的学习主动性，从严治教

教不严，师之惰。教师应该对学生从严要求。课程一开始就应对纪律和

按时交作业、预习报告、试验报告等有明确的要求。有人认为这样会限制学生的创造力，我认为不会，这对他们养成良好的学习习惯是非常重要的。对学生作业、实验报告我都做到100%批改，并及时将问题反馈给学生，促使其养成良好的习惯。预习、作业、实验报告都作为平时成绩计入总成绩，因此，学生都十分重视每一学习过程和环节。从严治学，但又“要使学生生动活泼主动地学习”（成仿吾，1965）。

六、教书育人，润物无声

教书育人是教师的天职。空洞的说教只能招致反感。教书育人要寓于各个教学环节之中。通过实例的介绍传授重视实践、重视劳动、重视第一手资料的获得、分析解决问题的思想方法。教师要做到言行一致，学风严谨。我在每次习题课上，都给出一句名人名言，例如在练习土的观察和分类时，就给出涂光之院士结合自己治学经验对青年人提出的“设想要海阔天空，观察要全面细致，实验要准确可靠，分析要客观周到，立论要有根有据，推论要适可而止，结论要留有余地，文字要言简意赅”，增加了文化品位，对学生也是一种熏陶，起着潜移默化的作用。

七、锻炼充实自己，不断提高业务水平

我体会到，作为高校教师，特别是专业课教师，如果不参加科学研究，就难以做到理论和实践相结合，难以真正提高教学质量。近年来，我在完成教学任务的同时，还先后参加和主持了五项科研项目，把科研中的成果及时充实到教学中，例如，将开采覆岩工程地质预测的内容补充到工程地质计算课程中，将有关地裂缝和可靠度的成果补充到土力学教学中，并为研究生开设了“开采岩层移动工程地质”新课程。参加科研和工程实践，既锻炼提高了业务水平，又促进了教学质量的提高，一举两得。

（原刊于中国矿业大学教务处印《讲课必读》，1999年8月，第234-238页，原题目：启迪思维 培养能力 鼓励创新）

简论煤矿工程地质学课程体系

隋旺华　李文平　姜振泉

一、煤矿工程地质学的建立与发展

我校于1978年着手筹建煤炭系统第一个水文地质与工程地质专业，于1980年在徐州校本部招收第一届本科生。专业建立的同时，就提出了建立“煤矿工程地质学”新学科。近20年来，我们坚持从煤矿生产实际出发，以教学、科研为中心，将工程地质学的基本理论与煤矿工程特色有机结合，形成了相对完善的教学体系和较为稳定的科研方向，为煤炭系统和其他部门培养了本科生近500名、硕士和博士研究生50余名。青年教师也逐步成长起来，他们继承传统、勇于创新，和大批毕业生一起，成为推动工程地质学科发展的有生力量。与此同时，工程地质界的许多有识之士也深入煤矿生产第一线，研究和解决了大量煤矿工程地质学的理论和实际问题。下面是我校煤矿工程地质学建立与发展中有代表性的几件事情：

（1）1983年首次为本科生开设“煤矿工程地质学”课程（狄乾生，1983）；

（2）1985年为研究生开设“煤矿井巷围岩稳定性工程地质研究”课程（狄乾生，1985）；

（3）1991年出版《煤矿工程地质研究》（于双忠，1991）；

（4）1992年出版《开采岩层移动工程地质研究》（狄乾生，隋旺华，黄山民，1992）；

（5）1994年出版规划教材《煤矿工程地质学》（于双忠，彭向峰，李文平，于震平，1994）；

（6）1998年出版规划教材《工程地质计算》（隋旺华，于震平，1998）。

与之相配套，形成了以“土质学与土力学”“岩体力学”“工程地质学基础”等为专业基础课，以“煤矿工程地质学”“工程地质计算”“工程地质测试技术”等为专业课的本科生教学体系。

自1996年以来，我院为适应社会主义市场经济需求，加大了教学改革力度，实行了按学院招生，在地质工程专业大类中设置了岩土工程与工程勘察专业方向。“煤矿工程地质学”仍是本科生重要的专业课程，当然，更深入的学习和研究则主要在研究生培养和科研中体现。

煤矿工程地质学应煤矿生产需要而诞生，它的每一步发展都是在与生产密切结合中取得的，因此，煤矿工程地质学有着旺盛的生命力，在学科发展的同时，产生了良好的社会效益、环境效益和可观的经济效益，为煤炭生产高效持续发展起到了应有的作用。本文主要介绍煤矿工程地质学的课程体系及其需要进一步解决的问题。

二、煤矿工程地质学课程体系

1983年编制出的第一份《煤矿工程地质学》教学大纲是在深入煤矿地质、勘察、设计施工及生产第一线广泛征求技术人员意见的基础上，借鉴国内外高校相关专业的《工程地质学》教学经验编制的。大纲紧密结合煤矿工程实际，以致力于改变煤矿工程地质薄弱环节为己任，将煤矿工程地质学定位在研究煤矿工程建设与地质环境相互作用、制约关系、基本规律及其应用。多年以来课程体系不断修订、完善，形成了以煤矿工程地质基本问题研究为基础，以煤矿工程地质问题分析为核心，以适应和保护煤矿地质环境为目标，以先进的勘察手段和信息技术为依托的课程体系。具体内容及发展趋势如下。

（一）煤矿工程地质的基本理论问题

重点研究与煤矿建井和生产有关的岩土层的工程地质特征及其赋存环境。含煤建造的工程地质特征包括含煤岩系的工程地质单元划分、煤系岩石的物理力学性质、煤系岩体结构特征，赋存环境包括矿区地应力场、地温场、渗流场、地下水与岩土体的相互作用等。随着煤矿向深部发展，煤矿特殊的工程地质问题不断出现，例如井筒破裂、地表过度沉陷、底板突水等，这些问题的有效解决首先依赖于对上述煤矿工程地质基本问题的深入研究。而较长时期以来，由于煤矿埋藏深、隐蔽性大等特点，这方面的研究未能引起人们的重视和很好地开展。

（二）煤矿井筒、巷道、采场工程地质问题

（1）立井井筒工程地质问题：

包括立井围岩、土体应力分布、变形破坏特征、稳定性分析，井筒检查孔的专门工程地质勘测，井筒工程地质测试及长期观测，凿井施工方案、支护措施的工程地质论证等。

当前突出要解决的问题是巨厚松散层建井工程地质问题。以鲁西南为例，金乡煤田煤系上覆第四系、第三系厚度达350~500m，巨野煤田第四系和第三系松散层厚600~700m，甚至更大，穿越如此深厚的松散层，采用什么建井方法，首先取决于对其水文地质与工程地质特征的研究。两淮及兖州矿区自1987年以来，已有40余个井筒发生断裂。对井筒破裂机理及其治理研究，也应从工程地质角度入手，研究松散层的工程地质特征、底部含水层疏降引起的渗流场变化、孔隙水压力与土体变形的相互作用、土体变形与井壁相互作用机制等，在此基础上提出合理的防治措施。

井壁渗漏问题一直是影响井筒正常使用的一大难题，特别是井壁混凝土及壁后岩体的微裂隙和微孔隙渗透出水，在井壁表面无明显的出水点，治理很困难。我们最近完成的煤炭部计划项目“深井下微裂隙岩体防渗透注浆材料及工艺研究”较好地解决了这一问题，但仍需进一步研究。另外，煤矿井筒中流砂问题、膨胀岩问题、软岩突涌等特殊的工程地质问题都是尚未解决的难题。

（2）巷道、采场工程地质问题：

包括巷道围岩应力重分布、变形破坏特征，巷道、围岩稳定性工程地质分析，采场地压显现的规律；煤矿冲击地压及其控制；运输大巷、井底车场、洞室布置的工程地质论证，巷道、采场的工程地质勘测、测试及观测工作。其中突出的问题有软岩巷道变形、破坏问题、冲击地压问题和底板突水问题。

许多矿井，如龙口北皂矿、淮南潘集矿、舒兰、长广等煤矿软岩巷道支护难度大、变形破坏严重、返修率高、返修时间短。以往虽进行了大量的研究工作，但主要集中在对其支护措施的研究，而对软岩巷道变形破坏的工程地质机理的研究还没有与选择合理的支护措施有机地结合起来，这仍将是煤

矿工程地质学重要的研究方向之一。底板突水问题的研究应采取矿井水文地质与工程地质相结合的方式进行。特别是应在加强对前述基本工程地质问题研究的基础上，针对不同的工程地质条件研究底板破坏的机理，提出相应的防治措施。

（3）开采岩层移动工程地质研究：

理论内容包括岩层移动工程地质研究的基本理论、覆岩变形破坏的类型与力学机理、土体变形的水土耦合作用机理等。应用研究领域主要有安全保护煤柱问题，包括厚松散含水层下及其他水体下开采防水煤岩柱、断层防水煤岩柱、建筑物下、铁路下采煤保护煤柱等；以及老采空区岩土体稳定性研究等。

当前，生产实际又向开采岩层移动工程地质提出许多新的问题，如在厚松散含水层下采用放顶煤方法开采厚煤层防水煤岩柱留设问题，目前国内外尚无成功的理论和实践依据，以往的经验类比法不适合放顶煤开采的情况，而目前对放顶煤开采覆岩导水裂隙带观测数据极少。在这种情况下可以发挥采前工程地质预测的优势，通过揭示岩土层在放顶煤开采条件下的破坏、移动规律来预测导水裂隙带的高度，再经过试采和实测验证，逐渐形成一套放顶煤开采防水煤岩柱预测的工程地质系统方法。

抚顺矿区1985年采用上覆岩层高压注浆减缓地表沉陷技术，获得了满意的效果，但是由于试验是在具有厚层膨胀岩和充填法等特定条件下进行的，又先后在大屯矿区徐庄矿、新汶矿区华丰煤矿和兖州矿区东滩矿等全部陷落法采区进行了注浆减沉试验，均取得了较好的经济、社会和环境效益，成为极有前途的地质工程方法。采用这种方法的关键是确定离层裂隙在空间和时间上的发育规律，以选择合适的注浆层位和注浆时间。研究开采离层与岩体工程地质性质及采矿活动的关系，可以为推广这一技术提供科学依据。

（三）露天煤矿边坡稳定性问题

包括露天煤矿边坡的应力分布、变形破坏类型及机制、影响边坡稳定性的因素、边坡稳定性工程地质分析、边坡设计及变形破坏防治的工程地质论证、露天煤矿剥离岩（土）的可挖掘性、排土场的稳定性、台阶路基的稳定性等的工程地质研究。

(四) 煤矿特殊建筑地基稳定性问题

包括煤矿各种大型、重型建筑物的地基稳定性的工程地质研究。如储煤仓、井架、选煤厂等建筑物体型大、荷载重，对地基沉降、不均匀沉降较为敏感，对地基承载力要求高，均需做专门研究。

(五) 煤矿环境工程地质问题

煤矿环境问题是关系到煤炭工业可持续发展的关键因素。开采沉陷造成的地面塌陷、岩溶塌陷、耕地破坏、地表和地下水体的破坏、煤矿井筒、地面建筑物的损坏等等，已经造成了十分严重的社会问题。煤矿各种固体废弃物、矿井水、煤炭的燃烧等对环境造成了严重的污染。研究各种工程地质灾害形成的原因及治理措施是煤矿工程地质学发展的重要方向。

(六) 煤矿工程地质勘察

包括各种钻探、物探新技术应用，工程地质野外测试及长期观测、室内实验，煤矿程地质勘察概论（地面特殊建筑物地基、露天矿边坡、井筒、巷道、采区和开采岩层移动工程地质勘测等)。今后要特别注意对煤矿工程地质模型的研究，进一步推进计算机技术在煤矿工程地质数据采集、处理、分析、计算中的应用。重视第一手资料的可靠性，尽快建立煤矿工程地质勘察的技术规范。

三、结束语

逢我国著名的工程地质学家、教育家张咸恭教授80岁寿辰之际，写成此文，聊表对先生敬慕之情。在煤矿工程地质学的诞生和发展过程中，张先生同其他老一辈工程地质学家始终给予热情的关怀和扶持。1989年9月张先生受中国煤田地质局的委托前来中国矿业大学徐州校本部主持“金乡矿区开采的主要工程地质问题研究”科研项目的鉴定，对煤矿工程地质学科的发展给予了充分的肯定和热情的鼓励，在徐期间还为本科生就“工程地质发展中的几个关键问题”作了学术报告，与工程地质教研室的教师和研究生进行了座谈，对煤矿工程地质学的发展起到了重要的推动作用，至今难以忘怀。21世纪正向我们走来，我们青年一代将不辜负老一辈科学家的期望，对煤矿工程地质学这株幼苗精心灌溉栽培，使它苗壮成长，为工程地质百花园增添一片芬芳。

（原刊于程国栋主编，《山的呼唤——工程地质学与可持续发展，张咸恭教授八十华诞暨从事地质工作六十年庆贺文集》，地震出版社，1999 年版，第 532-535 页）

基于研究型教学理念的课程设计及实践

——以国家级一流本科课程土质学与土力学为例

隋旺华　杨伟峰　张改玲　董青红　吴圣林

“加强自主创新，建设创新型国家”已成为我国社会主义现代化建设的国家战略，高校是培养创新型人才的主要阵地，研究型大学的责任就是培养高水平的创新型人才[1]。新的教育理念下，“教”总是为“学”服务的[2]，对于研究型教学而言，追根究底也是服务于“研究型学习”，将科研思维贯穿于教学过程，强调用科学方法思考问题[3]。一个完整的科研思维框架是以事实为依据，在形式逻辑上进行科学合理的推理[4]，这是创新能力培养的一种思维方式。将科研要素贯穿融入教学过程中，并进行有机整合，将有助于培养学生的科创能力[5-6]。着力建立以探索和研究为基础的“以学生为中心，以教师为主导”的教学模式，激发学生的潜能，引领他们的求知欲、想象力、创新力和探索精神，强调师生互动，充分发挥教师的引导，激发学生的主观能动性和创造力[7-8]。

土质学与土力学是我校地质工程专业的主干课程，自2006年建立并实施了基于课题研究型的自主学习模式，形成了课内研究型教学—课外创新实践一体化的创新引导型课程，将传授知识和培养能力结合起来。“土质学与土力学”基于研究型教学理念，以实践性课题为中心，以课题研究为手段，以运用本课程的理论知识解决实际问题为目的，面向实践需求和岩土工程师执业要求，强化规范和案例教学，形成了课堂教学—从业教育一体化的执业能力引导；发挥课程思政作用，通过我国古代劳动人民创造的伟大工程、新时代国家重大工程中的土力学难题，激发爱国热情和学习兴趣；通过现场考查，了解土工试验、土工分类、岩土勘察等国家标准和执业特点，培养严格的职业精神和吃苦耐劳的品格，形成自豪感和学习兴趣的爱国敬业情怀引导，由此多方位打造学生的科创能力。

一、课程概述

著名教育家陶行知曾说过："先生之责任不在教，而在教学生学，更要教学生行。"

"土质学与土力学"课程是我校地质工程专业基础课。我校地质工程专业为国家一流本科专业建设点，2019年通过工程教育专业认证，每年招生70人，约40%升学，60%就业。

地球陆地近90%的面积被土体所覆盖，因此，城市建设、资源开发、交通运输、农业生产、减灾防灾等都离不开对土体的认识、研究、开发和利用。"土质学与土力学"的目标是使学生掌握土体的工程地质及岩土工程特性和土的应力、强度、稳定性等问题，为后续专业课学习及走向工作岗位奠定坚实的基础，高阶目标是创新、敬业、执业和国际视野的引导。

"土质学与土力学"课程以研究型教学和产出导向（OBE）理念为指导，将课堂讲授、实验、研讨、工程案例、科研训练等有机结合，促使课程目标的达成。我校"土质学与土力学"课程从1983年由许惠德教授首次开设至今，一直是地质工程等专业的核心专业基础课程。2006年入选为江苏省一类精品课程，2009年入选国家级精品课程，2014年入选国家级精品资源共享课，在爱课程网站上线。实行线上线下混合教学和双语教学5年。2020年被认定为国家级一流本科课程（线上线下混合类）。

本课程教学团队由长期从事本课程教学的5位教师组成，都具有工学博士学位，其中4位教授，1为副教授和研究员级高工，2人具有国家注册岩土工程师资格，有1人先后兼任岩土公司总工程师和副总经理。

二、研究型课程教学设计思路

教学组织以学生为中心进行，贯彻专业认证的产出导向的理念，为学生学习提供良好的学术服务和试验条件，并通过学生课程目标的达成评价，进行持续改进。按照知识能力、情感目标，对课程整体、章节、课堂、实验教学、课外创新科技活动进行目标设计。

"土质学与土力学"课程的知识、能力目标包括：①熟悉土的工程性质、力学性质与应力、沉降、土坡稳定与地基承载力等常规计算方法，掌握基本的室内土工试验原理与方法；②具有在生产实践中解决土体的性质调查、分析，地基土应力与沉降、地基承载力、土坡稳定性、挡土墙土压力等问题的分析能力，以及多种条件影响下边坡、地基、渗漏等工程问题的研究能力；③在设计性实验和案例分析中培养研究复杂工程问题的能力，在团队合作中培养团队精神，通过汇报研究成果锻炼表达和沟通能力，通过双语教学掌握专业术语及专业英语的常用表达，了解国内外土质学与土力学的理论前沿及技术发展趋势。地质工程专业毕业要求3个指标点与课程目标的关系，详见表1。

表1　**课程目标支撑毕业要求**

知识、能力目标	支撑毕业要求指标点	毕业要求
(1) 熟悉土的工程性质、力学性质与应力、沉降、土坡稳定与地基承载力等常规计算方法，掌握基本的室内土工试验原理与方法。	指标点1-3：将工程力学、结构力学、钢筋混凝土结构原理等工程基础知识用于解决复杂地质工程问题。	(1) 工程知识
(2) 具有在生产实践中解决土体的性质调查、分析，地基土应力与沉降、地基承载力、土坡稳定性、挡土墙土压力等问题的分析能力，以及多种条件影响下边坡、地基、渗漏等工程问题的研究能力。	指标点2-3：具备依据专业知识，并借助文献辅助对复杂地质工程问题进行识别、分析、表达与求解的能力，以获得有效结论。	(2) 问题分析
(3) 在设计性实验和案例分析中培养研究复杂工程问题的能力，在团队合作中培养团队精神，通过汇报研究成果锻炼表达和沟通能力，通过双语教学掌握专业术语及专业英语的常用表达，了解国内外土质学与土力学的理论前沿及技术发展趋势。	指标点10-3：能够通过阅读和交流，了解专业领域的发展趋势、研究热点，具有一定的国际视野。	(10) 沟通

教学中充分发挥课程思政作用。通过古代劳动人民创造的伟大工程、新时代国家重大工程中的土力学难题，激发爱国热情和学习兴趣；通过学习土力学学科发展历史，了解科学研究的艰辛，通过课程实验、开放实验，培养

严谨的科学精神。通过现场考察，了解土工试验、土工分类、岩土勘察等国家标准和执业特点，培养严格的职业精神和吃苦耐劳的品格，形成自豪感和学习兴趣的爱国敬业的情感引导。实践中，每个章节及实验根据特点设置各自的知识能力和情感目标。

课程的内容分为讲授的、实验的和线上学习与研讨的内容，丰富了课程内容和结构的层次，有利于学生自主学习。理论课总学时为 32 学时，讲授 26 学时、线上学习 6 学时、线上学习内容占比约 20%。实验部分由“土质学与土力学实验”承担。

三、教学方法与教学环境

按照研究型教学的理念组织教学，将课程内容划分为基础知识、了解型内容、研究型内容和延伸性内容，分别采用讲授、实验、研究型课题、设计性实验、课外科技活动等教学方法。采用线上预习引入、讨论答疑、网上学习等方式，完善了课后学习、作业、复习和问卷检测，及时点评和检验学习效果。注重针对学生的基础和背景因材施教，对能力较强的学生，结合科研、“大创”项目进行了更深层次的引导。

在研究型教学内容选择上，注重科学研究方法论、土力学的科学主题，结合工程实际，有利于学生综合锻炼分析和解决问题的实验，并能独立地分析实验结果的可靠性。课程开设之初，由教师引导学生如何提出课题，之后，鼓励学生自主提出课题。具体实施步骤：提出课题；明确学习要求；课题细化。表 2 学生的研究型学习课题示例。

表 2　**研究型学习课题示例**

序号	题　　目
1	公路膨胀土路基的沉降和边坡稳定性研究
2	高原冻土问题及冻土地基的处理
3	软土地基处理及工程实例
4	郑西高铁挑战湿陷性黄土
5	西安田家湾国家直属粮库自重湿陷性地基处理

续表

序号	题　目
6	多年冻土对青藏铁路的影响
7	天津滨海吹填土加固
8	新滩滑坡案例分析
9	上海地铁深基坑工程流砂问题分析
10	岩溶地区的地基处理
11	万亨大厦基坑倒塌事故
12	公路建设中冻土地基的有效防治和综合治理措施

团队合作研究或者实验研究。学生以课题小组的形式“完成任务”，感受相互协作的团队合作精神，调动了学生学习的主动性和积极性，启发了学生的创新思维，锻炼了自学能力、提出问题和解决问题的能力，通过课题汇报锻炼了沟通表达能力，效果远好于单独的课堂讲授。实施研究型课程，教师的工作量明显加大。

学校具有设施完善的多媒体教室和智慧教室，满足课堂教学、研讨和线上学习的要求。实验教学分别在江苏省基础地质试验教学示范中心、深部岩土力学与地下工程国家重点实验进行。实验场地、仪器台套，满足课程实验台组数、开放实验和设计性实验要求。

国家精品资源共享课程和丰富的课程资源库、标本库、案例库，满足学生线上学习和研究型学习的需求。目前课程网站学习人数已达7万余人。

四、创新与效果评价

（一）本课程的特色

（1）课程历史悠久，线上线下、课内课外有机融合；

（2）体现矿山深部工程土力学问题特色；

（3）教学过程中重视四种能力（4C）培养。4C是指专业本领（Capability）、创造力（Creativity）、交流能力（Communication）、合作能力（Collaboration）；

（4）将教师承担的相关科研成果转化为教学素材和案例；

（5）积极引进国外同类课程教学与教材经验，建立了与加拿大多伦多瑞尔森大学等学校的教学交流与合作关系。加拿大多伦多瑞尔森大学教授的有关视频在爱课程网站上网。

（二）本课程的创新点

（1）建立以专业本领、创造力、合作能力、交流能力“四种能力”培养和敬业引导、创新引导、执业引导的“三引导”的课程教学体系。通过课内和课外研究型教学，实现了第一课堂内研究型学习引导与第二课堂创新创业训练有机贯通。强化执业教育和实践教学。

（2）以研究型课程理念进行理论和实践教学设计，并建立相适应的课程目标达成评价方法。

课程建立了产出导向的课程教学质量评价和持续改进机制。采用问卷、测验、答疑等方式及时了解教学目标达成情况。研究型内容部分通过提出问题的难易、资料检索、研究或实验方案、学习报告等环节综合考评。课程教学质量标准中明确了课程目标与毕业要求之间的对应关系，学生各考核环节的成绩作为对应课程目标的达成依据，根据达成情况，持续改进、提升质量。具体评价形式有学生形成性评价、课程组内部评价、评教评学（学生、教师评价）、学校学院评价、社会评价。专业对课程目标达成评价认为，课程目标与毕业要求对应关系清晰，在后续课程和课程设计、毕业设计等环节都有恰当运用，达成度为优秀。课程总体上满意度为90%~100%。评教连年优秀。

课程负责人为青年教师进行课程示范。教学模式在其他专业课教学中得到推广与应用。课程建设与改革成果、教材等对兄弟院校安徽理工大学、山东科技大学、华北水利水电大学和援助高校新疆大学等课程起到了示范作用。建成国家级精品资源共享课，以“研究型”为导向的教学改革与实践获得了江苏省教学成果二等奖，学生成果获得2019年第十六届“挑战杯”全国竞赛二等奖，部分同学公开发表了相关的研究论文和申请了专利。

五、建设计划

课程建设永无止境，我们制订了5年持续建设计划：

（1）2021年出版英文版教材；

（2）2021年网上教学升级为MOOC；

（3）2022年建立虚拟仿真实验系统；

（4）增加国际教授授课资源；

（5）建立行业专家授课资源和更新案例库。

本课程下一步建设需要解决的问题、改革方向和改革措施包括以下6点：

（1）教学内容与教学方法匹配性。划分精讲、指导、自主学习、研讨、练习单元，区分课堂和课后单元，研究不同单元的教学方式方法，加强精讲单元和探索课后单元教学方法改革与研究，建立分类指导、学生中心的教学方法。

（2）拓展优化在线资源的功能和结构。将国际专家、行业专家的授课资源、案例、行业标准规范分析等上传，进一步培养学生的国际视野和执业能力。

（3）完善线下教学内容。跟踪最新研究成果，夯实深部地下工程环境下土的性质相关教学内容，拓展人工智能在土力学中的应用内容。

（4）采用原位与仿真实验相结合的方式组织教学，选择大型原位实验和土力学行为的微观机理，增加学生的体验感和理解深度。

（5）加强青年教师师资队伍建设，吸引2~3名35岁左右的青年教师加入教学队伍，提高其教学能力和水平。

（6）进一步挖掘课程中的科学思维、爱国、敬业等元素，丰富课程思政内容，打造课程思政示范课程。

◎ 参考文献

[1] 潘云鹤. 研究型大学本科生教育的改革与发展 [J]. 中国高等教育，2001（5）：6-8.

[2] 杨骞. 论教为学服务的思想 [J]. 辽宁教育研究，2000（4）：48-49.

[3] 李开开，肖玲玲. 研究型教学理念在“油气地球化学”课程中的实践 [J]. 中国地质教育，2015，24（3）：57-60.

[4] 潘久武. 谈科研思维及其类型特点 [J]. 上海教育科研，2009（2）：78-79.

[5] 陈能松，王勤燕，刘嵘，等．野外实习教学中融入科研元素来培养本科生科研能力［J］. 中国地质教育，2009，18（2）：119-122.
[6] 陈志凡，赵烨．基于研究型教学的“环境地学”课程教学模式探析［J］. 中国地质教育，2012，21（2）：70-72.
[7] 吴箐，廖瑾，仇荣亮．对本科教学中加入研究性内容的思考［J］. 高等理科教育，2007（4）：33-36.
[8] 虞立红，方瑾，何丽平，等．推进研究性教学，提升大学生创新能力——以北京师范大学本科人才培养为例［J］. 高等理科教育，2007（5）：68-71.

（基金项目：教育部地质类教学指导委员会新工科项目（2020Y05）和国家一流本科专业建设点（地质工程）项目资助。原刊于《中国地质教育》2021 年第 2 期，第 49-52 页）

案例驱动的线上线下混合式课程教学

——以煤矿水文地质工程地质学为例

隋旺华　乔　伟　孙如华　于宗仁

煤炭是我国能源的“压舱石”。2009年以来煤炭的年产均超过30亿吨。煤矿是一个巨大的地质工程系统，具有复杂的地质介质和赋存环境，经受着剧烈的采掘扰动。随着煤炭开采向深部发展，开发重心西移；水、瓦斯、冲击地压等矿井地质灾害威胁严重；成灾地质条件和机理愈加复杂，防治更加困难。“煤矿水文地质工程地质学”是解决煤矿这些安全地质问题的重要基础，也是国家一流本科专业建设点中国矿业大学地质工程专业的核心课程。

一、课程概述

煤矿水文地质工程地质学课程开设40年来，一直作为地质工程专业（水文地质与工程地质专业）的核心课程。1983年，在煤炭系统第一届水文地质及工程地质专业本科生教学中，由狄乾生、沈文教授分别开设煤矿工程地质学、专门（矿床）水文地质学课程。1994年，于双忠教授主编的《煤矿工程地质学》出版。2016版培养方案中，课程内容融合为煤矿工程与水文地质学。2017年新版《煤矿工程地质学》系统地反映了我国煤矿工程地质学方面的研究成果。2019年，课程SPOC上线，实现了线上线下混合式教学。2021年，该课程被评为江苏省一流本科课程。2023年在清华大学“学堂在线”上线。课程重视理论与工程实践相结合，建立了案例驱动的线上线下混合式教学模式并取得良好的实施效果。

课程与教学改革过程中重点解决如下问题：

（1）针对课程合并后融合的问题，持续优化课程内容体系。

课程在2016版培养方案中由煤矿工程地质学和煤矿水文地质学2部分组合而成，课程体系亟待重构。课程组坚持将水文地质学与工程地质学的基本理论与煤矿生产有机结合，同时在参与各类矿山水文地质工程地质规范编制过程中，不断丰富课程内容，以解决煤矿安全地质问题，形成了相对完善的课程教学内容体系。

（2）针对理论与实践结合薄弱问题，提高学生解决复杂工程问题的能力。

为了解决理论教学与学生实践能力提高之间的矛盾，将课题组承担的大量煤矿工程水文地质科研成果，转化为教学案例资源，作为研究型案例教学的重要素材，教学科研密切融合，采用案例驱动的线上线下混合式教学模式，积极推行研讨式教学方法，提高了学生解决复杂工程问题的能力。

（3）针对学生专业思想，进行可持续发展和安全发展价值观的塑造。

为了解决学生的专业思想以及生态、安全等教育薄弱的问题，密切结合课程内容，学习贯彻习近平新时代中国特色社会主义思想，将人民至上生命至上、安全发展、生态文明和宜居地球等思政元素融入教学，做到润物无声。

二、案例驱动的混合式教学设计

根据学校建设能源资源特色世界一流大学定位和“学而优则用、学而优则创”的办学理念，本课程致力于培养学生解决煤矿水文工程地质和安全地质复杂工程问题的能力，具体目标包括：

（1）知识目标：掌握煤矿水文地质、工程地质、安全地质和环境地质问题的发生机制和演化特征；掌握关键要素数据的监测检测、解释方法，进行综合研究，获得有效结论；

（2）能力目标：能够应用煤矿水文工程地质灾害防治思路，参照案例，提出解决煤矿水文工程地质和安全地质复杂工程问题的实施方案。

（3）素质目标：培养解决复杂工程问题过程中的团队合作精神、表达沟通能力。牢固树立安全发展和可持续发展的理念。

对应于地质工程专业毕业要求的问题分析、研究。

以案例驱动的研究型教学理念进行混合式教学设计，教学进程分为课前、课中和课后三个环节。以第二章第三节工程地质模型和工程地质图的教学设计为例，课前：在线自主学习与预习，布置研讨题目。课中：引导精讲工程地质模型的概念、发展脉络、强调其自然属性和认识属性。详细讲解工程地质模型的构成及建立方法。扩展引入三维工程地质模型建模和透明地质理念，唤起好奇，激发学习兴趣，提出具有挑战度的目标。分组研讨，初步建立一个工程地质模型；学生讨论，教师点评，并就达成情况进行评价，作为持续改进的依据。课后：进行知识迁移和创新拓展。如图 1 所示。

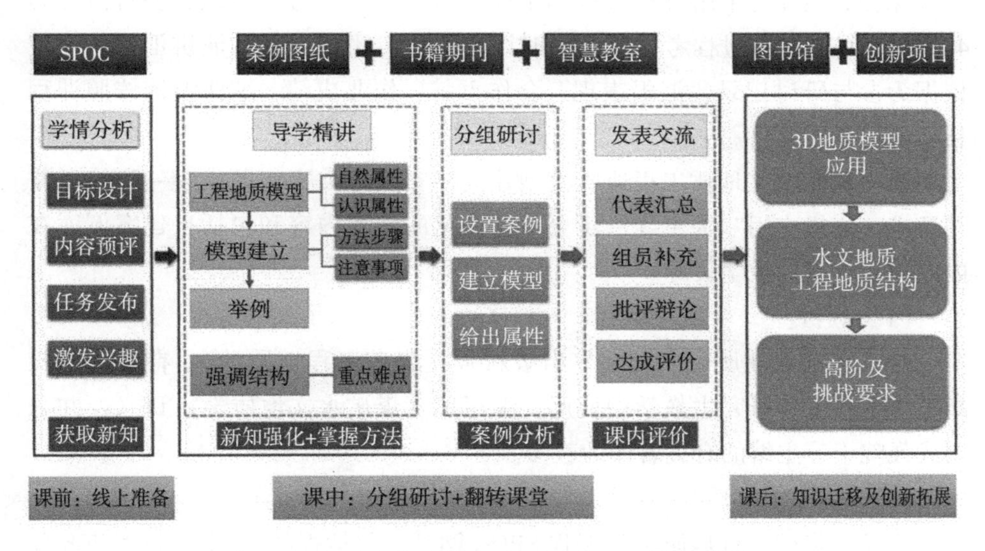

图 1　工程地质模型部分线上线下混合式教学设计

三、教学方法改革与教学资源建设

以案例驱动的研究型教学理念进行教学设计，采用线上线下融合式教学方法，课前线上初步获得新知，课中导学精讲重点难点疑点，研讨、交流、辩论，课后反思和创新拓展。以问题为导向，构建了案例驱动的翻转课堂教学模式（“案例+团队研讨会+翻转课堂+学生交流+生师点评”）。例如，煤矿工程地质模型部分的研讨内容，要求做一个简明的工程地质模型（平面的），标明工程地质单元、结构、赋存环境（地应力、地下水等）、工程影响。可供选择的案例有：

（1）煤矿立井风化基岩段开裂破坏进行壁后注浆治理；

（2）煤矿运输大巷穿越断层；

（3）深部厚煤层在微山湖和第四系含水层下开采；

（4）奥陶系石灰岩含水层煤层开采；

（5）矿区某工作面3煤采矿塌陷地，拟建住宅小区，采用注浆治理等。

秉承“师如何教，亦师所教”的理念，教师以身作则，在文献检索、科研经历、学术论文、科技创新方面言传身教。

课程成绩评定采用过程考核和结课考试相结合的考核方式；各自占比为40%和60%。其中过程考核包括平时课程研讨、团队合作和演讲汇报，评定依据为参与研讨记录、汇报表现、合作贡献、作业成绩。结课考核按照课程目标设置考核题目。

以“矿山水文地质工程地质模型建立—安全与灾害问题机理—防控思路与技术—法规应用”为主线，建立了模块化的课程内容和包括自建案例库在内的较为丰富的教学资源。

（1）教材：

2017年联合4所矿业类院校出版新版《煤矿工程地质学》，在多所院校高年级本科生和研究生教学中使用。编写了《煤矿水文地质学》讲义，并采用武强院士等主编的有关著作为教参。

（2）课程网站：

建成“煤矿工程地质学”课程SPOC网站，包括视频31个，长度508分钟，随堂测验50余套。“煤矿水文地质工程地质学”在清华大学学堂在线上线，由5位教授和副教授主讲，共计包含视频67个，具备随堂测验、测试等功能。

（3）案例库：

将科研成果编制成可以不断更新的煤矿工程与水文地质案例库，目前包括煤矿水文地质类型划分及防治复杂工程问题案例50个，煤矿顶底板、井筒、巷道复杂工程地质问题案例35个，矿山环境整治、采空区建筑利用等涉及可持续发展、安全发展理念等课程思政元素的典型工程案例25个。

（4）实验场地：

建成煤炭资源与安全开采国家重点实验室、煤炭安全博物馆、水害防治基础研究国家级实验中心等实验室，满足实验教学和学生创新活动的需要。

有关教学资源全部应用到每期的教学中，学生上线学习时间约12学时，占理论教学总数约30%。

四、特色创新与效果评价

（一）课程特色

（1）课程内容密切结合煤矿全生命周期过程中的工程地质、水文地质问题，体现了矿山地下工程特色；

（2）以矿山安全地质基础工作为本，通过地质教学进行防灾减灾治灾教育；

（3）突出人民至上生命至上、安全发展和生态文明理念，挖掘思政元素，培养学生的科学思维方法和社会责任感。

（二）教学改革创新点

（1）以新学科创建，引领课程教学内容创新。

在我国创立了煤矿工程地质新学科，完善了煤矿水文地质学内容体系，将煤矿工程地质与水文地质学有机结合，构建了煤矿工程与水文地质学教学内容体系，以解决煤矿安全地质问题。

（2）以新成果融入，支撑课程教学资源创新。

将教学团队承担的有关煤矿工程与水文地质的国家“973”、重点研发、国家自然科学基金重点项目和行业企业委托项目的最新成果，经过精选编制成教学案例，融入教学，吸纳本科生参加科研，确保科研育人落地生根。

（3）以新方法应用，实现课程教学模式创新。

充分利用课程SPOC平台，以案例驱动的研究型教学理念进行混合式教学设计，以问题为导向，构建了“案例+团队研讨会+翻转课堂+交流评价”的教学模式，并建立相适应的课程目标达成评价方法。

课程评价包括学生评课、学校和学院评课、专业对课程培养目标达成度评价。根据课程教学质量标准，建立了产出导向的课程教学质量和持续改进机制。学生评教总体满意程度为90%以上；教学督导专家、同行和领导听课等评教，连年优秀；专业评价认为课程目标与毕业要求之间的对应关系清晰，在课程设计、毕业设计等环节都有恰当运用，课程目标达成度优秀；校外专家和学生对本课程教材的使用评价认为，结合煤矿实际，体现了立德树人和培养学生科学思维方法的要求，在有关院校中应用效果良好；校外同行专家学术评价认为课程团队将科研、学科建设等与课程教学有机融合，在学科建设、教学资源、教学方法上创新性强。

通过案例驱动教学，学生解决复杂工程问题的能力普遍有所提高。学生在毕业设计论文）环节普遍能够利用本课程所学的知识、能力、思维方法去分析和解决有关的煤矿工程地质与水文地质问题，能够考虑工程稳定、环境、经济和安全的要求，毕业生普遍反映对从事矿山工作帮助较大；课程被评为江苏省首批一流本科课程、国家级一流本科课程（混合式）；课程负责人承担教育部地质类教指委教改项目 1 项，获得中国煤炭教育学会教材一等奖，承担了国家一流专业建设点项目，被评为获得江苏省重点教材 1 部；《煤矿工程地质学》教材和 SPOC 等资源推广应用于矿业类院校和我校对口援疆高校，产生了较为广泛的辐射和影响。

五、建设计划

本课程需要进一步解决的问题、改革方向和改革措施如下：

（1）进一步解决煤矿工程地质学和水文地质学的教学内容融合的问题和教学内容与教学方法相匹配的问题。探索两部分内容的有机联系和共性关键问题，打造更加融合的课程内容体系。优化线上线下教学内容的配合和选择。对教师课堂讲解、线上自主学习、学生团队研讨的内容进一步研究和区分，建立学生中心、分类指导、因材施教的教学体系；

（2）进一步解决课程在线资源不够丰富，在线学习的功能有待提升的问题。丰富并不断更新在线资源，每年的更新率不低于 20%，将行业专家的授课视频、案例、行业标准规范等上网，进一步培养学生的国际视野和执业能力；完善在线学习和检测功能；

（3）加强青年教师师资队伍建设，进一步提高其教学能力和水平；

（4）进一步挖掘课程中的科学思维、爱国、敬业等元素，进一步贯彻安全第一、以人民为中心的发展理念，可持续发展以及习近平生态文明思想，努力打造课程思政示范课程。

持续建设计划包括：出版《煤矿水文地质学》教材；再版《煤矿工程地质学》教材（已经列入江苏省“十四五”重点教材，此次修订主要是增加课程思政、新工科智能采矿的工程地质水文地质工作等内容）；建立虚拟仿真试验：水压致裂法地应力测量、矿山放水试验、注浆试验等；完善和更新案例库，增加行业企业专家授课资源。

基金项目：本文得到国家级一流本科专业建设点（地质工程）和教育部地质类教学指导委员会新工科项目资助（2020Y05）。

（本文为2023年10月21日举行的中国地质学会地质教育研究分会2023年学术年会上的报告）

安全地质学与采矿工程师的地质教育

隋旺华

一、引言

（一）中国煤矿的安全

煤炭的生产和消耗占中国一次能源的70%左右。相信这种局面在短时间内不会有太大改变。特别是，2012年中国煤炭产量和消耗量已经达到37亿吨左右。根据第三次全国煤炭资源预测评价，全国煤炭总储量约5.57万亿吨，居世界首位。可采储量超过1000亿吨。据国家安全生产监督总局统计，2010年全国煤矿约有1.5万座，产能36.9亿吨。与此同时，在建煤矿有7039座。据悉，在全国400个矿业城市中，有近60个矿业城市处于衰退状态。矿山关闭期间和关闭后的地质问题和环境问题相当严重。近年来，中国政府高度重视煤矿安全问题，煤矿安全形势持续向好，煤矿事故数量和死亡人数大幅下降。但是，煤矿灾害防治在中国仍然是一项非常艰巨的任务；其煤炭产量占世界的50%，但事故和死亡人数却占到了近70%。

中国煤矿中灾害性的事故有瓦斯与煤突出、突水、顶板灾害、火灾、粉尘、岩爆、热害等。

瓦斯爆炸和突出是煤矿瓦斯事故的主要类型，往往造成严重的后果。煤矿突水造成的灾难性事故仅次于瓦斯位居第二。煤矿淹井给人民的生命财产造成了重大损失。2010年中国煤矿的平均开采深度在700m左右，以每年8~12m的速度加深。深部地下开采作业面临着高地应力、高地下水压力、高温、地质条件更加复杂的艰苦环境，将诱发更多的动力灾害事故。由于地质条件的复杂性，对水文地质和工程地质条件的错误判读和解释，以及矿山安全工程师缺乏地质知识，是造成这些事故的重要原因。

（二）中国煤矿的地质问题

煤矿安全问题存在于煤矿建设和生产的全过程，与工程地质问题有着十分密切的关系。

立井的工程地质问题包括应力分布、变形破坏、围岩稳定性等；当前要解决的关键问题是煤系上覆厚松散土层立井施工中的地质工程问题，同时，立井渗漏问题已经成为影响立井正常使用和安全的一大问题。

巷道及采场的工程地质问题包括应力分布、变形破坏、巷道围岩稳定性、采场地压、岩爆及其防控等。软岩巷道的变形、破坏、冲击地压和突水是突出的安全问题。

开采沉陷和岩层移动问题包括煤层开采引起的覆岩变形破坏、岩土体变形机理、岩石与地下水的耦合作用等。应用领域有铁路下、水体下、建筑物下和近断层开采安全保护煤柱问题及采空区上岩体稳定性问题。

煤矿环境问题是影响煤炭工业可持续发展的关键因素之一。地面沉陷、岩溶塌陷、耕地破坏，地表水、地下水、竖井和地面建筑物等的破坏，已经造成了严重的社会问题。各种煤矿固体废弃物、矿井水、煤炭燃烧、地下水污染和废弃煤矿已经对环境造成了严重污染。地质灾害成因及其工程管理和防控措施研究是煤矿工程地质和安全地质学的重要发展方向之一。

正是由于安全与地质条件的密切关系，研究人员和工程师们逐步认识到安全科学与地质科学的关系。例如，早在 1986 年，中国煤炭学会矿井地质专业委员会在四川省成都市召开了全国煤矿安全地质学术交流会，讨论了影响矿山安全的地质因素（图 1）。如今，为了适应安全形势发展的需要，越来越有必要设立一门交叉学科——安全地质学，去研究和解决与安全生产有关的地质问题，以满足安全形势发展的需要。

二、学科描述

（一）安全科学与地质学

安全科学的术语最早在 1974 年由南加州大学提出。Kuhlmann 于 1981 年

图 1　1986 年在成都举行的全国煤矿安全地质学术交流会全体代表合影（安徽理工大学吴基文教授和赵志根教授提供）

出版了《安全科学导论》，奠定了安全科学的基础（Kuhlmann，1986）。在 1992 年的中国国家标准《学科分类与代码》中，安全科学和技术成为独立的学科，包括 5 个二级学科。因此，安全科学作为一门学科的历史相对较短，目前正经历着一个快速发展的时期。但是，地质学已有 200 多年的历史，现代工程地质学和土力学也有 100 多年的历史。为了说明安全科学的普适性，吴超教授建议任何学科加入“安全”一词都可以形成一个新的学科，如安全地球物理学、安全地质资源与地质工程、安全地质学等（吴超，2007）。在亚太经合组织（ESCAP）出版的一本书中，使用了一个值得关注的标题——“亚洲城市的地质安全状况”，表达了对日益发展的亚洲城市地质安全的关注。显然，在土木工程、采矿工程中，安全问题与地质学是密不可分的。很多城市的地质问题、矿山地质问题，其实都是安全地质问题。因此，两门学科结合已成为两门学科或专业的工程师和研究人员的共识。

（二）矿山安全地质

安全地质学是调查、研究和解决与工程规划、设计、建设和运营有关的安全地质问题的一门学科。它是安全科学与地质学交叉形成的一门新兴学科，其范围为安全科学、地质学与矿业科学与工程三个学科共同覆盖的领域，如图 2 所示。

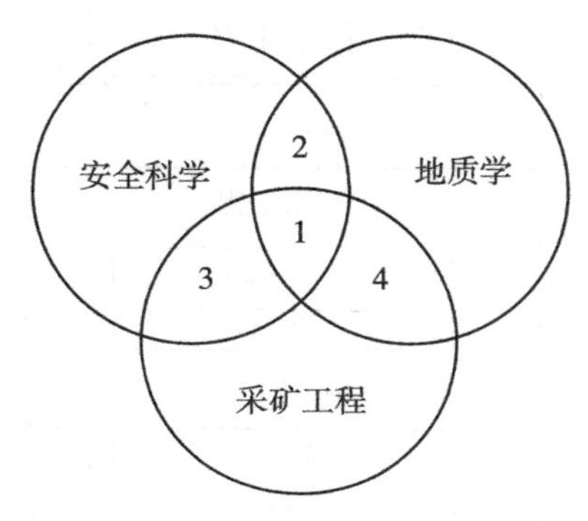

1-矿山安全地质学；2-安全地质学；3-矿山安全科学；4-矿山工程地质学

图 2　安全科学、地质学和采矿工程学科之间的关系

地下煤矿安全地质学基于与煤矿相关的各个不同学科，诸如水文地质学、工程地质学、地球物理学、地球化学、矿山地质学等，侧重于从地质学的角度解决煤矿安全问题，例如，利用地球物理勘探和地质勘查对地质条件进行调查研究，瓦斯突出、地下突水、地下火灾等的风险评估，井工煤矿地质灾害的预测与治理，应急管理与救援，以及安全地质方面的法规和政策。

三、安全地质学培训

（一）矿山安全地质学培训课程

至今还没有专门的安全地质学培训课程体系。由于安全地质学所涵盖的主题非常广泛，许多工程科学和自然科学的内容都可以进入安全科学学科的内容。

图 3 是培养一个全面发展的安全地质学家在培训中都应该教授的一些基础课程，这与培训矿山地质学家和工程地质学家的课程明显不同。事实上，在有限的时间内，我们不可能把每一门课程都学得很深入。但是，对于一名

安全地质工程师来说，理解和掌握课程的基本概念和基本技能，对分析安全问题产生的地质机理、更好地为安全生产服务是必要的。

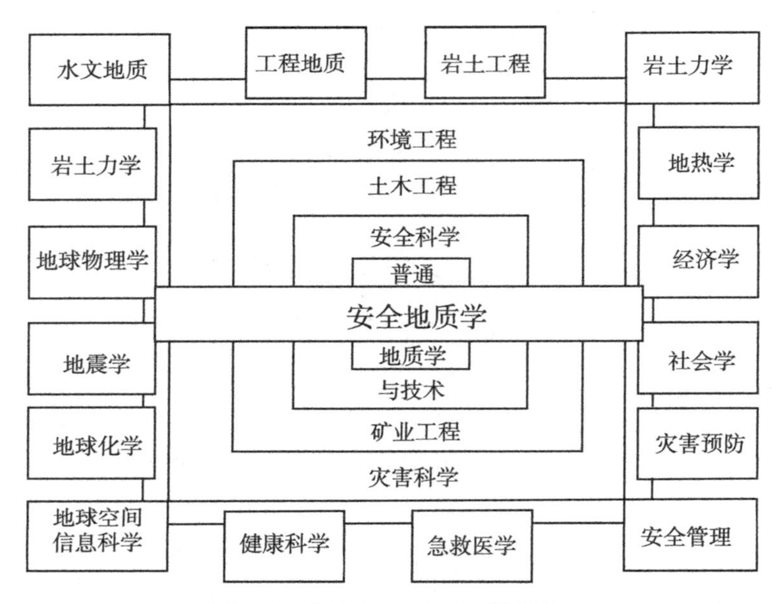

图 3 安全地质工程师的培训课程

（二）培养采矿工程师的安全地质学

矿业工程、安全工程和矿山地质专业本科生和研究生的安全地质学在其专业培养中占有重要地位。矿山安全地质学的内容包括：

安全地质模型。该模型是一个包含工程地质条件与安全建设和安全生产之间关系的简明图示。对于一个煤矿，安全地质模型应明确识别矿山建设和生产过程中的主要危险源和风险。可以根据工作需要和数据制作二维或者三维模型，也可以利用虚拟现实技术进行显示。

危险源探测与辨识。采用地质、地球物理、地球化学勘探和钻探等技术，利用模式识别方法，对瓦斯、地下水、地温等异常区域进行探测和识别。

风险评估。对于矿井建设和生产的各个地点和时期，选择主控地质因素，建立风险评价模型，进行风险评价，包括瓦斯灾害、突水和岩爆倾向性评价。

安全应急预案。针对不同的安全地质问题，制定详细的应急预案。

应急救援中的安全地质工作。在瓦斯爆炸、突水淹井、煤与瓦斯突出抢险救援中，及时分析灾害发生的地质原因是制定应急救援方案的迫切需要，而这项工作也为安全长效机制的建立奠定了基础。

（三）矿大实践

中国矿业大学是一所拥有 100 多年历史的重点大学。学校的资源与地球科学学院致力于能源地质学、水文地质学、地球物理学、地理信息学、矿区可持续发展等领域的研究与教育。近年来，矿山安全地质课程开展了安全地质学家和矿山工程人才培养工作。表 1 为 2011—2013 年参加课程学习和培训的本科生和研究生的专业及人数。课程内容包括上述安全地质学的主要内容，由水文地质学、工程地质学、地球物理、地质灾害及相关专业的多位教授导学。

表 1　　学习安全地质学课程的专业及学生人数

专业	年　份		
	2011	2012	2013
	合计（其中本科生）		
矿业工程	9（8）	17（9）	6（3）
安全工程	5（5）	6（6）	6（2）
土木工程	12（10）	9（9）	7（3）
地质工程	16	26	30
水利工程	6	4	4（1）
地球物理学	7	3	1
管理工程	5（5）	15（14）	10（4）
总计	60	79	64

本课程采用讲座、研讨、课外研究与科技活动相结合的教学方法。根据内容特点和学生专业背景的不同，课堂教学主要侧重安全地质学、水文地质工程地质学的一些基本概念和思维方式；研究性教学主要侧重于案例研究，给出安全地质条件，提出问题，研究后由学生汇报和讨论；学生研究主要针

对某一特殊兴趣课题，组成小组，通过文献综述、实验调查研究，由学生汇报成果并由学生和老师进行讨论。

鼓励研究生和本科生参加科研项目，培养学生的实践能力和科研创新能力。近年来，学生参与国家自然科学基金等项目30余项。学生的课程成绩通过对科研、文献综述、科技创新活动参与情况三个部分按照一定比例进行综合评价获得。

研究性教学体现主体性原则、启发式原则、进步性原则和和谐性原则。这种教师为“导演”、学生为“演员”的模式，营造了师生平等、和谐的教学环境。

课程采用主讲教师负责制，开展定期的教学研讨，课程大纲有统一的教学要求和标准。加强课程管理，及时通过学生问卷调查，积极改进教学。

教学积极采用数字化、信息化的教学方式，同时依托科研项目，改善教学条件；包括网络教学资源建设、专业培训计划、课程建设、教材建设、参考书、教学设备和教学视频资源等。本课程设置了一个信息管理平台，通过利用研究生院教务系统，实现了网络登录、成绩和课程管理。

根据近三年的教学质量调查，共有200多名学生选课并完成课程，对总体评价、教学模式、教学方法的满意率均在90%以上。例如，地质工程专业的史继标说：“从研究中，我对研究这个词有了更深的理解。”采矿工程专业的谢小平则表示，“我觉得这样的教学方式比较好，既能让我们在为研究做准备的同时了解相关知识，同时也能锻炼我们的表达能力。”参加学习课程的学员在《煤炭学报》《水文地质工程地质》《岩石力学与工程学报》等刊物上发表了多篇学术论文。

四、讨论与结语

安全问题不仅是一个技术问题，而且是一个涉及社会学、经济学、管理学、技术科学等学科的科学问题，因此，安全问题上的诸多挑战需要多学科进行应对。

学科来源于实践和生产的实际需要。中国的矿山开发越来越深，由此引起的安全问题越来越复杂，对安全地质学的需求就越来越强烈。作为一门新兴学科，其内涵、目标、内容和体系都应逐步完善。

改革教学体系和教学模式，培养学生的实践能力和创新能力，是当前中国高等教育改革的难点，也是提高教育质量的关键。学科创新是教育科研创新的灵魂。一门新的学科可以改变人们的思维方式，提高思维效率，改变解决科学关键技术问题的方法。以矿山安全地质学的发展为起点，安全地质学可以在学科对象、目标和任务、发展和创新上向城市安全地质学、交通安全地质学甚至农业安全地质学延伸。

本文提出了在安全科学与地质学之间形成交叉学科的思路，即地下煤矿矿山安全地质学，它也可以成为矿山地质学的一个分支。解决造成严重人员伤亡和重大经济损失的安全问题的迫切需求促进了它的诞生。该学科至少应包括安全地质模型、危险源探测与辨识、风险评估、应急管理与救援等内容。中国矿业大学的教学实践证明，安全地质可以为矿山地质、矿业工程和安全工程专业的本科生和研究生的职业生涯打下坚实的基础。

致谢：感谢江苏省高校地质工程“十二五”重点专业建设项目和江苏省高校重点学科建设项目的资助。感谢吴基文教授和赵志根教授以及参与课程学习和讨论的同学的帮助。

◎ 参考文献

[1] ESCAP. 2003. The Ground Beneath Our Feet: A Factor in Urban Planning (Vol. 14). Economic and Social Commission for Asia and the Pacific. New York: United Nations Publications.

[2] Kuhlmann A. 1986. Introduction to safety science. Springer-Verlag.

[3] 吴超. 安全科学学的初步研究 [J]. 中国安全科学学报，2007 (11): 5-15.

（原文题目为 Safety geology and geological education for mining engineers, Global View of Engineering Geology and the Environment-Wu & Qi (eds), Taylor & Francis Group, London, 2013, pp. 563-567. 由刘一凡翻译，隋旺华校对）

“煤矿水文地质与工程地质”课程教学模式和方法改革实践

隋旺华　孙亚军　刘树才　杨滨滨

“煤矿水文地质与工程地质”课程是为原水文地质工程地质硕士生开设的煤矿水文地质和煤矿工程地质课程两门课程，在中国矿业大学自 1991 年开设，至 2001 年培养方案调整，改为“煤矿水文地质与工程地质”课程，并对高年级本科生授课。自 2009 年，中国矿业大学实施按照一级学科大类培养方案，本课程成为地质学、地质资源与地质工程两个一级学科硕士点专业基础课程，同时面向全校研究生、本科生作为专业选修课程。

要使学生的课堂学习取得成效，必须抓住理论联系实际这个关键，注重把学习成果转化于实践中，即做到学有所获，学有所用，学有所成。恰当的教学模式也是提高学生学习成效的重要因素，研讨式教学法是目前西方发达国家高校中一种主要的教学方法。研讨式教学是以解决问题为中心的教学方式，即通过由教师创设问题情境，然后师生共同查找资料，经研究、讨论、实践、探索，找出解决问题办法的方式，该方式能帮助学生掌握知识和技能。[3]结合“煤矿水文地质与工程地质”课程的特点，我们正在积极推进教学内容和教学方法改革，采用了课堂授课、研讨与科技活动相结合的教学模式，并获得了较好的实践效果。

一、课程建设改革的基本思路与措施

“煤矿水文地质与工程地质”课程改革的基本思路是构建体现国际现代水文地质工程地质学科发展趋势、符合中国地质特色和煤矿生产实际的课程体系，充分反映我国煤矿水文地质与工程地质新的科学研究成果，注重科学思维和科学研究训练，采用课堂教授和研讨式教学、案例教学，充分运用网络教学等现代教育技术手段，加强教学过程管理，为后续课程学习和学生从业打下良好的基础。在具体实施时采取如下主要措施：

（1）加强师资队伍建设，提高教师整体素质。通过访问学者、参加重要科研、参加重大工程实践和咨询、参加国际学术交流，努力提高教师素质。吸收青年教师参加课程建设，指导研究生实验和论文研讨。努力构建合理的学术梯队。

（2）及时更新教学内容，教学科研密切结合，培养创新人才。及时跟踪国际前沿，了解最新科研成果。注重对国际会议、知名杂志最新文章和动态的研究，培养学生的思维方法和创新能力。

（3）重视教材建设，形成系列教材讲义和辅助资料。及时更新教学内容，既要包含传统基础内容，又要充分体现学科的发展。形成包括教材讲义、课件、辅助教材、专业杂志、标准规范等在内的较为系统的教学资源。

（4）充分利用现代教育技术，营造网络化教学环境。开设课程网站，丰富网络资源。利用即时通信软件等便捷联系方式，作为师生间交流和课件传输平台。

（5）加强实验室建设，创造良好实验条件。利用“211 工程”、优势学科创新平台、江苏高校优势学科建设项目、省实验教学示范中心、教育部修购专项等项目，有计划有步骤地建设“矿山水害防治技术基础研究实验室”，为本课程学生实验探索创造良好条件。本课程虽未专门设置实验项目，但是学生在课程学习过程中，可以根据参与的科研或者自己的兴趣，申请开放实验，针对专门问题进行探索研究。

二、课程内容设置

“煤矿水文地质与工程地质”课程主要分为 3 个部分：

（1）水文地质基础与煤矿水文地质，主要介绍地下水的赋存条件及分类、矿井水文地质勘查、矿井水文地质工作、矿井水害防治。

（2）工程地质基础与煤矿工程地质，主要介绍土的基本工程地质性质、煤系岩体基本工程地质性质、岩体赋存的地质环境、煤矿工程地质勘查、矿区地质灾害与防治。

（3）矿井水文地质工程地质物探，主要介绍矿井地球物理勘探在煤矿水文地质工程地质中的应用。

根据教学大纲安排，教学课时为30学时。在有限的时间内要达到课程的教学目标，使学生了解国内外煤矿水文地质与工程地质发展前沿和趋势，掌握煤矿水文地质与工程地质基本知识和工作方法并具备分析常见煤矿水文地质与工程地质问题的能力以及增进自学能力、学术交流能力和创新思维，还是有一定难度的。具体实施是要求学生自主学习某些章节，充分发挥学生的主观能动性，通过开放试验，让学生参与科研，提高实践技能，加深对课程内容的理解和掌握。考虑到授课对象的差别性，即专业背景不同，对课程内容学习提出差异化的要求，不同专业可以有取舍。比如，地质工程专业研究生已经学习过水文地质工程地质课程，水文地质基础部分和工程地质基础部分内容就可以不参加学习，而把重点放在对煤矿水害防治、工程地质灾害防治等内容的学习上；其他专业的学生，则首先要在掌握基本水文地质工程地质概念基础上，再进行深入学习。

三、教学模式与方法

本课程采用课堂授课、研讨与科技活动相结合的教学模式。针对课程内容特点和每年选学的学生的基础不同，课堂教学主要针对水文地质工程地质基础部分，讲清基本概念和思维方法；研讨式讲授则主要针对案例进行，给出案例发生的水文地质工程地质条件，提出问题，学生分析，师生共同探讨；学生研讨主要是针对某一专题，由学生组成兴趣小组，进行文献综述和研讨，学生讲述，学生老师共同讨论；同时还积极吸收研究生参与科研，培养学生的实践能力和科研创新能力，几年来，学生参加国家自然科学基金、企业横向课题等30余项。考核采用平时成绩、课程研讨、课程文献综述与科技创新，并按照比例进行综合评定。

研讨教学充分体现学生主体性原则、启发性原则、循序渐进原则及和谐性原则。这种教师当“导演”，学生当“演员”的模式，创设了平等、和谐的教学环境，体现教学的民主化，形成和谐共进、教学相长的境界[4,5]。能充分调动学生的主动性和自觉性，有利于自主性学习、研究性学习、较好地培养了研究生的创新思维、科研实践能力与综合素质，有利于研究生个性化发展。

积极营造外语教学环境，采用双语教学、鼓励学生英语研讨等方式；邀请国外知名学者开设英文讲座，帮助研究生了解学科发展前沿和学科脉络，提高其适应社会及国际竞争的能力。近年来，先后邀请了多位国际上知名的矿井水文地质工程地质专家及相关专业学者来校讲学。其中有国际著名水文地质学家、国际矿井水协会秘书长、国际矿井水与环境杂志主编 Christian Wolkersdorfer 教授，中国工程院院士卢耀如教授，南非福特海尔大学赵宝金教授，加拿大高级水文地质专家 Gary I. Lagos 教授等。

课程采用主讲教师负责制，定期研讨教学改革和教学内容，主要参与教师认真负责，积极性高。课程有统一的授课要求和标准，教学档案、课程成绩管理规范。加强课程的教学过程管理，及时通过问卷收集学员意见，并积极改进教学。

学校积极支持教学手段改革，建设有教学专用多媒体教室，所有专业实验室实现信息化联网。本课程教学积极利用学校现有数字化、信息化教学环境，同时，积极依靠科研项目，改善教学条件。建设了比较齐全的网络教学资源，包括：专业培养方案、课程大纲、教学目标、教材讲义、教学参考书、教学课件、授课教师、课程录像等资源。课程建立了信息化的管理平台，利用学校研究生教务系统，实现了网络选课、成绩登录和课程管理。

四、教学特色与效果

通过多年努力和建设，本课程形成了以下特色：

（1）建立了“煤矿水文地质与工程地质”课程体系。紧密结合和跟踪国际水文地质工程地质发展趋势，密切结合中国煤矿的生产实际和地质条件，注重基础水文地质工程地质知识与煤矿水文地质与工程地质的交叉融合，形成的课程体系具有自身的特色，适合培养水文地质工程地质相结合的高级工程技术人才。

（2）重大科研成果和工程案例及时应用于教学。近年来，先后承担了国家自然科学基金重点项目、面上项目、“973”项目“煤矿突水机理与防治基础研究”和大量的煤矿水文地质与工程地质难题，课程教学中，采用专题形式及时向研究生介绍研究进展、工程实例，对学生了解学科前沿，掌握发展动态，培养科学思维，起到了很好的效果。

（3）灵活的研讨式教学方式。根据课程对象的不同，在关键概念和思路的基础上，叙述性的内容通过学生自主学习进行，课堂教学采用讲授和研讨相结合。在专题阅读基础上，采用专题研讨方式，由学生针对某一课题，自主进行实验研究或者研讨，并在课堂上交流、讨论。

（4）课程网络资源比较丰富，课程的所有课件、教学录像、参考书目等全部上网。为学生自主学习提供了方便。

根据近三年的教学质量调查统计，共 97 人选课并完成课程学习，对课程的整体评价满意和比较满意的为 100%，对采取的课堂讲授、研讨、文献综述和自主学习的教学方式表示满意的为 100%；对采用成绩评定方法满意的为 90%以上。学生对课程的教学内容表示满意，同时也提出许多好的改进建议。曾经参加本课程学习的研究生，在读期间，在《煤炭学报》、《水文地质工程地质》、《岩石力学与工程学报》等本学科杂志上发表学术论文多篇，有 4 篇论文获得江苏省省级优秀硕士论文，有 1 篇论文获得省级优秀博士论文。本课程还于 2012 年获得江苏省优秀研究生课程。

五、结语

研究生的课程教学中普遍存在着“教什么、教多少、怎么教和如何评价学生”的问题。“煤矿水文地质与工程地质”是一门应用性很强的专业课程，涉及内容复杂，知识面广，信息量大，学生在有限的时间内达到课程教学目标实属不易。本课程实施过程中，根据课程内容和学生的特点，将基础内容、进展内容及研究内容统一考虑，为学生提供了一个平台，通过教师引导和学生探索，采用调研、试验、参与科研等方法，让学生探索知识的发现过程，着重培养学生的学习能力、思维能力和创新意识。采用课堂授课、研讨与科技活动相结合的教学模式，抓住理论与实践相结合这个关键，使学生学有所获，学有所用，提高了学生的学习成效。

◎ 参考文献

[1] 高文．现代教学的模式化研究［M］．济南：山东教育出版社，1998.

[2] 吴立岗. 教学的原理、模式和活动 [M]. 南宁：广西教育出版社，1998.
[3] 张聪，崔国涛. 当前我国教育实践研究述评 [J]. 现代教育科学，2012 (1)：125-127.
[4] 谭运进. 研讨式教学模式研究 [J]. 湖北第二师范学院学报，2008，25 (1)：108-111.
[5] 刘嵘，周烈红，陈能松. 以探究型专业课教学模式促研究型人才培养 [J]. 中国地质教育，2012 (2)：67-69.

（原刊于《中国地质教育》，2013年第1期，第40-42页）

《工程岩土学》教材比较研究

隋旺华

工程岩土学把研究与人类活动有关的岩土特征作为其基本任务，课程的特点是与工程密切结合、推理与推导并重、具有鲜明的国家和地域特色。工程岩工学是地质工程有关专业（方向）的重要的专业基础课。为了编写适应时代发展和教学改革需要的教材，较为系统地吸收国内外有关教材的成功经验，经学校批准，《工程岩土学》教材比较研究列为1998年教材研究项目，研究中选择了有代表性的教材6种，就理论教学内容、实践教学内容、教材编排等主要方面进行了对比，对新编《工程岩土学）提出参考建议。

一、理论教学内容比较

（1）E. M. 谢尔盖耶夫主编的《工程岩土学》。该教材在国际上影响较大，尤其在我国传播很广。它的第五版于1983年出版，1990年由孔德坊教授等翻译出版。全书共分四篇十四章。第一编包括5章，论述了作为岩土工程地质性质基础的岩土的物质成分和结构构造：第二编包括4章，主要论述岩土与工程建设相关的各类性质，并讨论了表征岩土性质的各种指标以及某些指标间的相互关系：第三编分3章，论述了各主要类型岩土的特征：第四编论述了作为地质体的岩土体的特征。全书贯穿地质学观点，充分体现了岩土与工程建设有关的各类性质决定了其物质成分和结构构造，是在自然历史过程中形成的并不断变化的这一辩证唯物主义思想。作者提出了人类和生物活动这一巨大地质营力对岩土性质的重要影响：强调了岩土各组分间的相互作用：首次在苏联有关教材中将岩土体作为地质体论述了它们的非均质性、各向异性、不连续性等等。译者认为，这些特点无论在深度与广度或者微观与宏观方面，都使工程岩土学得到了很大的发展。

（2）Raymond N. Yong 和 Benno P，Warkentin 所著 *Soli Properties and Behaiviour*（1975），是关于岩土工程进展的系列丛书之一。全书以水、土系统（Soil-water system）的结构和性质为主线，注重对水土系统的物理-化学作用机理的研究。全书共分 11 章，内容包括土的性质、土中的黏土矿物、土的结构与构造、土中的水、土中水的运动、黏性土的体积变化、固结与压缩、屈服与破坏、粗粒土的抗剪强度、细粒土的抗剪强度、土的冻结与冻土。全书内容先进，有些内容至今在我国工程岩土学教材中介绍很少，如水土平衡势、非饱和土的渗流、非饱和土的孔隙水压、非饱和土的抗剪强度等。在土中水的运动、土的本构关系、孔隙水等方面研究深度和难度较大。

（3）唐大锥、孙愫文主编的《工程岩土学》，是经原地矿部工程地质教材编审委员会通过作为高等学校教材、在我国高校中传播较广的教材之一，该书共分 2 篇 13 章，第一篇为土和土体的工程地质研究（包括土和土体的形成和基本特征、土的物质组成、土粒与水的相互作用、土的结构和构造、土的物理性质、土的力学性质、土的工程地质分类、各类土的工程地质特性、人工土质改良的基本原理）；第二篇为岩石和岩体的工程地质研究（包括岩石与岩体的成分和结构特征、岩石的物理性质、岩石的力学性质、岩体的力学性质、岩体工程地质分类与岩体性质人工改良），该书基本代表了 20 世纪七八十年代我国工程岩工学发展的水平和国际上有关研究成果。

（4）孔德坊主编的《工程岩土学》是国内较新的教材，是在成都理工学院编写的《土质学》和《工程岩土学》的基础上，经地矿部工程地质教材编审委员会通过出版的，该书分为 9 章，第一至第六章是土体、岩体的工程地质特征和力学性质以及前者对后者的控制意义：第七章讨论岩体逐新转变为土体的主要地质作用-风化作用，以及兼有岩、土体特点的风化岩体的工程地质性质：第八章摘要简述岩土工程性质人工改良的主要方法的基本原理和方法选择的基本原则；第九章介绍当前国内外文献中常见和具有典型意义的对岩、土的工程地质分类。该教材的特点是从地质学的观点阐明岩、土体工程地质性质形成和变化的规律，突出了与设计和施工直接相关的物理力学性质。

二、实验教学内容比较

实验教学是工程岩土学的重要的组成部分，下面选择教材（3）—（6）

中的实验教学进行比较，见表 1。可见国内外土工试验教学项目差别不是很大，关键看教学条件和学时是否允许开设足够数量的实验。

表 1　　　　**工程岩土学中土工试验比较**

项　目	教材［3］	［4］	［5］	［6］
土样的采区			✓	✓
含水量试验	✓	✓	✓	✓
比重试验	✓	✓	✓	✓
粒度分析试验	✓	✓	✓	✓
界限含水量试验	✓	✓	✓	✓
砂的相对密度试验			✓	✓
密度试验	✓	✓	✓	✓
收缩试验	✓			✓
毛细上升试验	✓			
渗透试验	✓		✓	✓
固结试验	✓	✓	✓	✓
直接剪切试验	✓	✓	✓	✓
三轴剪切试验	✓	✓	✓	✓
无侧限抗压强度试验			✓	✓
击实试验	✓	✓	✓	✓
加州荷载比（CBR）试验			✓	✓
黄土湿陷性试验				✓
自由膨胀率试验				✓
膨胀率试验				✓
膨胀力试验				✓
收缩试验				✓
水电比拟测流网			✓	
土的分类	✓		✓	✓
土工试验成果的整理	✓			✓
土工试验新技术新方法				✓

三、教材编排等其他比较

分析国内外《工程岩土学》教材的内容编排方式，主要有两种类型，第一类是将土体和岩体分开编写，我国和英美的教材大多采用这种编排方式；第二类是将岩和土中内容和概念相近的放在一起叙述。

在教材编写方面，英美的教材比较注重对历史的比较和知识的来源的叙述，重视对知识创新的过程的叙述，注重对读者创造性思维的培养，通过各种思想的交融、碰撞，促使学习者产生灵感的火花。苏联的教材则以苏联的研究成果为主，理论性强、系统完整。我国的教材兼收并蓄，但在内容和形式上受苏联教材影响的痕迹较重，这一点主要是历史原因造成的。

四、几点思考

通过比较分析，可见目前我国的《工程岩土学》教材的编写水平和内容安排基本上能代表国内外本学科的发展，较好地适应了教学的需要，但随着科学研究和工程活动的进一步深入，对教材的要求也不断提高，下面是对新编工程岩土学教材的几点思考：

（1）工程岩土学教材要不断更新内容。第一，要从客观事物本身的面目出发，减少假设条件与实际岩土体之间的脱离程度；第二，是要增添适应社会经济需要的新内容，如有关环境岩土工程的内容等。

（2）优化教材的结构。目前采用的基本结构形式都是从研究土或岩的自然属性出发来编排的，应将其按照更加有利于与工程结合和应用的目的结构编排，探索更为合理的结构形式。

（3）加强创新意识的培养。学习英美教材的写法和编排方式，增加对知识来龙去脉的介绍，要有适当的习题，鼓励学生探索未知世界。

（4）增加工程实例和实录。更加接近工程需要，培养学生的整体工程观念和工程意识。

（5）试验课有条件的可以单独设置，增加实际操作的试验课的比例，培养学生的实际工作能力。

参考教材

[1] E. M. 谢尔盖耶夫．工程岩土学 [M]．孔德坊等，译．北京：地质出版

社，1990.
[2] Raymond N. Yong，Benno P. Warkentin. Soil properties and behaiviour [M]. Elsevier Scientific Publishing Company，Amsterdam Oxford New York. 1975.
[3] 唐大雄，孙愫文．工程岩土学 [M]. 北京：地质出版社，1987.
[4] 孔德坊．工程岩土学 [M]. 北京：地质出版社，1992.
[5] Joseph E. Bowles. Engineering properties of soils and their measurement. Mc Graw-Hill，Inc. 1978.
[6] 施斌．土工试验原理及方法 [M]. 南京：南京大学出版社，1994.

（原刊于《高等教育研究》（中国矿业大学教务处编），1999 年第 3 期，第 77-80 页）

课题研究型学习在高校教学中的初步实践

张改玲　隋旺华

学生的创新精神和创新能力的培养是一项巨大而复杂的系统工程。研究型学习或研究型课程是强调学生主体作用和促使其个性发展的一种重要手段。如美国大学普遍采用的合同教学法、独立教学法和个性教学法等，都强调研究型学习的重要作用，注重学生科学思维训练，精心设计与课程相关的综合性问题，以解决问题为基点，要求学生独立思考、自己动手查阅文献资料，在理解和思考的基础上学习知识，培养学生解决实际问题的能力，提高学生的综合素质。一些国家还致力于改善课堂结构，给学生更多发展个性的机会。如苏联实行导师制，以促进个性化教育；日本将教学过程延伸到科学研究和社会实践中。日本学者认为，在一个变革的社会中，每个人都需要科学技能，在培养这种技能方面，让学生进行研究型学习比其他教学更为有效。而进行研究型学习的最有效途径就是开展研究型课程。2000 年教育部颁布了《全日制普通高级中学课程计划（试验修订稿）》，将研究型课程列为高中的必修课，在这方面的系统改革走在了高校前头。各地也纷纷开展研究型课程的设计和实施，例如上海市有关学校将研究型课程定位于"真正彻底培育学生创新精神与创造能力的课程"，北京人大附中开设"科学实践课"试验，给学生介绍科学研究的过程和方法，指导学生开展课题研究，河南实验中学开展研究型课程的成果受到李岚清副总理的赞扬。我校在本科生中开展的科技活动，也是研究型学习的一种尝试，对培养学生的创新意识和创新能力起到了一定作用。

一、研究型课程的内涵及特点[3][4]

所谓研究型课程，是指学生按照课程要求在教师的指导下或者自主选择和确定研究课题，学校为学生提供必要的研究手段，让学生自己探究知识的发生过程、解决实际问题，从问题的提出、方案的设计到实施，以及结论的得出，主要或完全由学生自己来做，因而它以培养学生的创新精神和创新能力为目的，对培养学生的科学精神和实践精神具有重要作用。研究型课程的特点有自主性、创新性、开放性、实践性、综合性、过程性和合作性等。文献[3]把研究型课程分为“导师制创新教学”和“课题制研究教学”两种。本文将地质工程专业的专业基础课“土质学与土力学”作为研究型课程开设的试点，对研究型教学中的“课题”“问题”等进行初步探讨。

二、课题型研究中的“课题”

课题是组织研究型课程的基本单元和素材。课程开设之初可以由教师引导学生思考如何提出课题，接着，要鼓励学生自主提出课题。以土力学部分为例，教师可以根据教学要求划分以下几个大的课题：地基中的应力分布、地基最终沉降量的计算、地基变形与时间的关系、地基承载力、土坡稳定性分析和挡土墙压力。这和教科书上的章节基本吻合。对每个课题的要求教师应做到心中有数，如对地基中的应力分布课题的基本要求是：理解和掌握地基和基础的基本概念、土体中的应力种类、土中的自重应力及其计算、基底压力计算、基底附加压力及其计算和地基中的附加应力。具体可以设计以下小型课题：

（1）自重应力是有效应力还是总应力？

（2）从基底压力简化计算方法说明为什么基底压力又称为基底应力？

（3）地基附加应力计算中能抽象出的关键力学问题（或力学模型）是什么，是由谁先解决的，如何解决的？

（4）角点法计算地基应力的依据是什么？

（5）对教科书和现行规范中地基应力计算存在的不足进行评述，存在的主要问题是什么，现在解决得如何，有何解决设想？设计并实施一个实验方案。

（6）选择一种非均质或各向异性地基分析其中应力分布。

通过举例，学生对于每个大的课题都能提出一些小型的课题，以下举出学生提出的几个课题作为例子：

（1）非饱和土的土体变形与时间的关系。

（2）负孔隙水压力对土坡稳定性的影响。

（3）土坡稳定分析中强度理论的应用。

（4）边坡稳定性的三维极限平衡分析方法。

（5）应力面积法计算地基沉降量的数学依据及误差分析。

三、课题型研究教学中的“问题”

研究型教学中的课题源于问题。强化问题意识是造就创新人才的关键之一[5]。在研究型课程实施中学生会不断提出问题，对此，要积极鼓励，对提出的问题要进行分类和价值判断。美国芝加哥大学教授盖泽尔斯把“问题”分为呈现型问题、发现型问题和创造型问题三类。在教学中我们发现学生针对研究型课程提出的问题可以分为以下四类：第一类，属于学科前沿的理论或技术问题；第二类，属于本学科已经解决的理论或技术问题，但不在课程范畴内，可以通过进一步的学习和阅读有关书刊获得答案；第三类，对教材或参考书中的有关假设、学说提出质疑，思路是正确的；第四类，属于对教材内容的一般性质的理解问题。我们在1999级试点时学生提出的部分问题如下：

（1）在极限平衡条件中为何不考虑中间主应力的影响？

（2）在地基强度分析时，如何确定滑动面、剪切破坏面的形状？

（3）当基础形状、埋深确定了，土的承载力是否就确定了？

（4）一维太沙基理论目前应用情况如何，什么时候使用二维和三维固结理论？

（5）附加应力是总应力还是有效应力？

（6）土的固结状态是否会随条件变化而转化？

四、实施初步效果

初步试点表明，课题型研究教学大大地调动了学生学习的主动性和积极性。学生不仅完成了对土质学与土力学知识的学习要求，更重要的是锻炼了自学能力、提出问题和解决问题的能力。例如1998级何燕云提出了砂土内摩擦角的测定的新设想，李小琴写出《孔隙水压力变化与滑坡》小论文，张晓科提出“关于极限承载力公式的几个问题的讨论”的报告，1999级王荣撰写了《论土的本够关系的发展》小论文、并参加校科技文化节竞赛。学生对采取的教学方式也表示热烈的欢迎，1999级周龙飞说：“只有在这里我才真正找到了自己的存在，自己备课、自己学习、自己提问、自己答疑。有时候就觉得自己又是学生，又是老师。这种状况直接的结果是对这门课的内容有了比较深的理解。”大多数学生认为开展课题型研究教学对自己的自学能力、解决问题能力的提高帮助很大。

研究型课程的成绩评定仍在探究之中，目前我们对试点的学生主要依据以下几个方面评定学习成绩：

（1）参考书、刊种类、层次和投入的工作量；

（2）对基本问题的把握；

（3）对某些问题思考的深入程度；

（4）提出的问题的难度和层次；

（5）实验方案设计及实施的情况。对做出突出成绩的，给予创新学分奖励。

◎ 参考文献

[1] 陈强．终身受益的财富 [N]. 中国教育报，2002年1月4日，第一版.

[2] 隋旺华，曾勇．开展科技活动培养创新精神 [J]. 中国地质教育，2001(1)：61-63.

[3] 袁维新．研究型课程的设计与实施 [N]. 中国教育报，2000年3月28日，第三版.

[4] 崔连仕．关于研究型课程的思考 [N]. 中国教育报，2001年7月7日，第四版.

[5] 龚放．强化问题意识造就创新人才 [N]. 中国教育报，2000年4月19日，第三版.

（原刊于《高等教育研究》（中国矿业大学教务处编），2004年第1期，第72-73页）

关于研究型学习效果及学生能力评价方法探讨

董青红　隋旺华

研究型课程建设与改革是当前素质和创新能力教育的热点问题[1,2]。关于研究型学习，我们的认识是：学生按照课程要求在教师的指导下或者自主选择和确定研究课题，从问题的提出、方案的设计到实施，以及结论的得出，主要或完全由学生自己来做，学校为学生提供必要的研究手段，让学生自己探究知识的发生过程、解决实际问题。因为在实施过程中强调了学生“自己做”的原则，因此研究型学习对于培养学生动手及思维能力具有重要的意义。其中，研究型学习效果、学生能力与学生的基本素质、学校的基础教学平台、研究型学习方案等要素密切相关，而学生能力评价除与上述信息相关外，还受到评价方法的影响。因此探讨如何对研究型学习效果及学生能力进行评价和创建评价体系[3]则更具实践意义和理论意义。

本文结合“土质学与土力学”课程中研究型学习实施过程探讨研究型学习效果的评价方法。

一、“土质学与土力学”课程研究型教学实施思路

“土质学与土力学”课程是我校地质工程专业的专业基础课，已有20余年的开设历史。特别是近5年来我校立足学生能力培养，逐步开展研究型教学，已经建设成江苏省工学地矿类I类精品课程。在研究型教学中，我们的基本思路是：由课程小组的教师根据教学大纲设计研究型课题，由学生分组选

题完成教学任务，即采取“课题制研究教学”。具体做法是将教学内容整合为自学内容、课堂讲授内容和研究型课题教学内容；自学内容以自学为主，辅导答疑；课堂讲授内容为基础知识，辅以课件进行巩固；研究型课题由学生分组进行，采取提出问题，并给出解决或分析问题的方案。全部学习过程由教师指定参考书，并准备辅助的习题集、案例等资料。

表1是在课题研究型学习教学初期设计的对比实验的方案。

表1　**教学对比实验与环节设计**

内容与环节	普　通　班	实　验　班
土质学与土力学基础	课堂讲授、实验、习题课、问卷、讨论	课堂讲授、实验、习题课、问卷、讨论
不同土的工程性质	自学、学生报告、讨论方式	自学、阅读教材、参考书、学术期刊、自己提出问题、通过调查、设计实验方案、撰写自学报告和实验报告、交流学习体会、小型学术报告会
土力学部分	课堂讲授、习题、问卷、讨论	
时间安排	正常教学计划	比正常班延长

以土力学部分为例，采用作为课题的例子有：地基中的应力分布、地基最终沉降量的计算、地基变形与时间的关系、地基承载力、土坡稳定性分析和挡土墙压力等，对每个课题有不同的学习要求。

通过近几年的实践，将探索研究型课程教学的实际做法总结如表2，可以看出，关于教学方案的设计虽然与学生本身素质、学校基础教学条件有关，但只要把握以培养学生能力为中心的关键主题，则不难灵活发挥。而关于学习效果、学生能力的评价则是值得讨论的问题。

表2　**研究型课程实施的初步方案**

授课方法与手段	课程内容划分			
	基础知识	了解型内容	研究型内容	课程内容延伸
课堂讲授	✓			

续表

授课方法与手段	课程内容划分			
	基础知识	了解型内容	研究型内容	课程内容延伸
自 学		✓	✓	
研究型课题			✓	
综合、设计型试验			✓	
辅助 CAI 课件	✓	✓	✓	
课堂辅导		✓	✓	
科研活动				✓
撰写小论文				✓

表 2 中授课方法与手段方面包含了基础教学环节和研究型教学环节，尤其是后两项作为教学环节既是课程中的拔高环节，同时也是对学习效果的检验。因此，对于学习效果和能力的评价也都要结合以上教学环节的方方面面展开。

二、学习效果与学生能力评价方法

(一)“土质学与土力学”课程学习效果评价的实践

学习效果和学生能力的提高是教与学的最终“产品”。如何评价这些“产品”的质量是教学质量控制的重要环节。针对表 1“土质学与土力学”课程研究型教学方案中的具体环节，我们制定了“强调基础考核，能力综合评估”的评价原则。对于基础知识部分主要以考试形式判别掌握程度。该部分作为课程的核心内容，是教学大纲要求必须掌握的内容，占期末综合成绩的 50%~60%，因该部分采取较为传统的考核方式，在此不作为重点说明。对于能力的考核则是一项系统工程，该部分评价结果占综合评价的 40%~50%，是本文探讨的重点。

要采取较为灵活的形式，全面系统考察一个学生通过学习取得的成绩和能力的提高不是一次考试就能做到的，而是需要一个评价体系[3]。通过分析表 1 所列的教学环节可以知道，其中的研究型课题、综合及设计型试验、科研活动和撰写小论文等内容均有物化成果体现，考核起来比较有可操作性，因此确定把研究型学习报告、实验报告、科研报告、科技论文作为能力考核的载体。同时考虑到研究生升学和毕业后的反馈也有较强的说服力，因此也作为评价内容，但不计算权重。通过以上分析建立学习效果及能力评价方法体系如表3所示。

表3　**学习效果及能力评价方法体系**

评价内容	评价方法	评价指标体系	权重
学习报告	组织答辩，3~5位教师参加	依据理论方法、分析及结论、表达方式	0.2
实验报告	综合设计型实验考核	选题难易、文献掌握程度、实验方法、数据分析、结论表述	0.2
科研报告	参加科研训练，专家组评价	选题意义、创新内容、成果水平	附加0.1
科技论文	科技论文大赛	依大赛评判标准（1、2、3等奖励、落选共4级指标）	附加0.1
考研及就业反馈	升学率调查学生及单位反馈	升学率 工作能力、知识结构	无

表3中权重为本项考核在期末综合成绩中占有的比例。同时对于评价指标体系，每项指标分别有其分项权重。权重由课程组教师集体讨论并征求学校有关专家意见形成。以综合设计型实验考核为例，2005年在中国矿业大学资源与地球科学学院青年基金的支持下，进行了跨专业体系的综合型实验评价方法研究，研究过程中通过设立不同的实验课题，在本专业内招募学生志愿者参加，然后制定考核评价指标体系，目前确定的主要指标有选题难易、文献掌握程度、实验方法、数据分析、结论表述等5项指标，对应权重分别为0.05、0.2、0.3、0.3、0.15，最后由参加课题的教师组成答辩小组对参加学生进行综合考核。

能力评价结果按照权重百分比计入期末学生成绩。其中科研工作和科技论文受到实际科研进展和条件限制，是可选部分，同时只有参加科研工作才有科技论文的基本素材，因此附加权重部分最高可达0.2。该部分实际上是对学生思维能力、动手能力培养较深入的层次，对其本身的基本素质、基础知识掌握程度、综合能力反映最为全面。

从实际操作过程看，能力考核部分的内容锻炼和体现了使学生学会完成任务的综合能力，因此也可以总结为：学会完成任务是学习效果与学生能力评价的核心内容。

（二）关于学习效果与学生能力评价方法的体会与认识

（1）评价环节及方法建立在具体课程环节基础上。

在“土质学与土力学”课程教学实验及初步总结后，在本专业“工程地质学基础”“岩土工程数值分析”等课程中进行了推广实验。对于“工程地质学基础”课程的学习，因该课程在专业体系中作为专业基础课开设，强调对于基础理论的讲解，许多实践环节在后续课程中还要继续涉及，因此学习过程中的课题及学习效果评价均结合知识点进行，而实践环节内容则尽可能放在后续课程进行；对于“岩土工程数值分析”课程，则能够验证部分工程地质学的基础理论，因此可以设计实践内容考核学生对工程地质学基本理论的认识和掌握程度。通过教学实验及分析，我们认为学习效果与学生能力的评价方法应建立在具体课程环节基础上。

（2）合理选择能力考核载体，评价环节及方法指标体系化。

学生学习效果及能力的提高是教学过程追求的目标，但评价过程受到各种因素困扰，必须采取可操作性强的方法体系进行。首先是能力及学习效果评价的载体问题，由学生回答问题，或写一份报告，或完成一项任务，都是合适的载体。但对于评价过程来讲，结合具体工作形成文字性的书面资料，则可以进行重复评价，客观性较强。因此本文认为文字性资料应为首选载体。同时，在评价过程中因人而异的因素也较多，因此必须有统一的标准，这就是评价指标体系。

（3）科研训练是培养和检验能力的可靠方法。

参与科学研究、大学生科研训练计划和生产项目是检验学习效果、综合分析能力的最有效方法之一[4]。面对具体的工程条件，如何根据掌握的基础知识、案例来分析新情况，查阅相关文献，总结新规律则需要重新学习、反复思考并有所创新，包含了学习、转化和应用的过程，其中的应用是变被动接受知识为主动创造的过程。一旦任务完成，则可证明已经具有应用该领域知识解决问题的能力。这种效果是一份报告、一次测试远达不到的。因此，通过科研活动检验学习效果和能力是较为可靠方法。

三、结论

本文以“土质学与土力学”课程教学实验为例分析和探讨了研究型学习效果及学生能力评价方法，得到如下结论，愿与同行及专家共享和讨论：

（1）评价环节及方法要建立在具体课程环节基础上。

（2）合理选择能力考核载体，评价环节及方法指标要体系化。

（3）科研训练是培养和检验能力的可靠方法。

◎ 参考文献

[1] 邹璐．国外研究型课程的实施及其启示［J］．吉林教育现代校长，2005（Z1）：27228.

[2] 王友仁，姚睿，储剑波，等．探索研究型课程教学模式，培养学生工程实践与科技创新能力［J］．南京航空航天大学学报（社会科学版），2004，6（2）：77280.

[3] 全国教育科学规划领导小组办公室．国家一般课题“研究型实验教学和学生创新能力培养的实践与研究”研究成果述评［J］．当代教育论坛，2005（1）：15217.

[4] 杨宏伟．对大学生科研训练的实践与思考［J］．实验技术与管理，2006，23（1）：1521.

基金项目：教育部新世纪优秀人才支持计划（NCET-04-0486）、2005 年江苏省高等教育教学改革研究项目、中国矿业大学教学改革与课程建设项目资助。

（原刊于《中国地质教育》，2006 年第 4 期，第 81-83 页）

公选课“地质灾害与防御”在可持续发展教育中的作用与实践

张改玲　隋旺华

1992年联合国环境与发展会议上通过的《21世纪议程——促进教育、公众意识和培训》中指出：“正规教育和非正规教育对于改变人们的态度是必不可少的，这样他们才会有能力去评估并解决他们所关心的可持续发展问题。同样的是，要培训与可持续发展相一致的环境意识、道德意识、价值观、态度以及技能和行为，并实现公众对决策的有效参与。”随着科学发展观成为我国统领经济与社会发展全局的指导方针，可持续发展教育又一次摆到教育工作者的面前[1-4]。

地质灾害是地球表层在内外动力地质作用或与人类活动共同作用下所表现出来的对人类生存环境、生命和财产造成损毁的一种灾难性作用的活动和现象，地质灾害的发生对人类社会心理具有很大的震撼与警醒意义，因此也具有鲜明而深刻的教育作用[5-8]。在本科生中开设公选课“地质灾害与防御”对于学生树立科学发展观、把人与自然的协调作为技术工作或决策的重要因素将起到积极的引导作用。

一、“地质灾害与防御”在可持续发展教育中的意义和作用

20世纪是人类历史上自然灾害活动特别强烈、破坏损失尤其严重的时期之一。世界每年有20%~50%的人口遭受暴雨、洪水、干旱、飓风、风暴潮、地震、火山、滑坡、泥石流等自然灾害的严重威胁。20世纪自然灾害造成的死亡人数大约相当于前3~5个世纪的总和；各种自然灾害造成的经济损失甚

至超过有史以来到19世纪几千年灾害损失的总和[9]。

中国是世界上地质灾害最严重的国家之一，几乎所有的地质灾害在中国都有发生。它们广泛分布在各个地区，不但严重危害人民生命财产安全，而且破坏农业、工业等各种产业，阻碍社会经济发展。尤其是崩塌、滑坡、泥石流等灾害，全国经调查证实的大型、特大型灾害点7800多处。新中国成立以来，共发生破坏较大的灾害5000多次，造成重大损失的严重灾害事件有1000多次。

国家对地质灾害防治历来十分重视。1999年国土资源部颁布实施了《地质灾害防治管理办法》，2003年11月24日国务院公布了《地质灾害防治条例》，2004年3月25日国土资源部下发了《关于加强地质灾害危险性评估工作的通知》。2006年3月28日全国第五次地质灾害防治学术大会在重庆召开，会议主题是"地质灾害防治与地质环境可持续利用"，会议倡议建立各级政府管理部门、科学技术界、工程企业界和公众社会等"四位一体"、合作互动的减灾战略"伙伴"关系，逐步增强防灾减灾的协调能力。

综上所述，地质灾害与防御的教育应该纳入可持续发展教育之中，并应成为其中的重要方面。为此，中国矿业大学在本科生中开设了"地质灾害与防御"公选课，其主要目的是：使学生了解地质灾害的概念、成因及危害；了解人类活动对地质灾害的直接和间接影响；理解防御地质灾害的重要性；树立地质环境保护和可持续发展意识；通过潜移默化的教育弘扬地学文化。

二、"地质灾害与防御"课程的主要内容

我国地处环太平洋构造带和喜马拉雅构造带汇集部位。这两种活动构造带汇聚和西升东降的地势反差不但形成了中国大地构造和地形的基本轮廓，同时也是我国地质灾害种类繁多的根本原因。

我国地形从西往东分三级阶梯，地质灾害的发育特点不同。西区为高原山地，海拔高，切割深度大，地壳变动强烈，构造、地层复杂，气候干燥，风化强烈，岩石破碎，因而主要发育有地震、冻融、泥石流、沙漠化等地质灾害；中区为高原、平原过渡地带，地形陡峻，切割剧烈，地层复杂，风化严重，活动断裂发育，因而主要发育地震、崩塌、泥石流、滑坡、水土流失、土地沙化、地面变形、黄土湿陷、矿井灾害等地质灾害；东区为平原及海岸和大陆架，地形起伏不大，气候潮湿且降雨量丰富，主要发育地震、地面变形、崩塌、滑坡、泥石流、河湖灾害、海岸灾害、盐碱（渍）化、冷浸田等地质灾害。

同时，人类社会经济活动直接引发多种地质灾害。例如：在铁路、公路、桥梁、房屋等工程建设以及采矿等活动中，因开挖、加载等原因，导致崩塌、滑坡。工程建设、采矿等活动产生的大量弃渣为泥石流活动提供了大量的固体碎屑物；过量开采地下水引起地面沉降、地面塌陷、地裂缝、海水入侵；露天采矿引起崩塌、滑坡，地下采矿引起多种矿井地质灾害（瓦斯、煤尘、水、火、顶板事故）；坡地垦殖等引起水土流失、土地荒漠化等。

基于我国地质灾害发育的特点和规律，该课程安排的教学内容见表1。

表1　“地质灾害与防御”课程内容与学时分配表

课程内容	学时
第一章　绪论	2
第二章　崩塌与落石	4
第三章　滑坡	4
第四章　泥石流	4
第五章　地质灾害监测预警预报	2
第六章　三峡库区地质灾害及防治	2
第七章　地面沉降	2
第八章　地裂缝	2
第九章　地面塌陷	4
第十章　地震	2
第十一章　矿井地质灾害	2
讨论	2

三、“地质灾害与防御”课程的教学实践

（一）学生选修情况分析

公选课“地质灾害与防御”至今已经进行了三轮授课，尽管每次选课限选120人，但 每次都超选，总共有370名学生选课，其详细组成情况见表2和表3。选课学生第一学期以 二、三年级为主，第二学期以一、二年级为主，并以非地学类学生占大多数。

表 2　　**各年级学生选课情况分析（单位：人）**

年级	学年学期		
	2005~2006 学年第 2 学期	2006~2007 学年第 1 学期	2006~2007 学年第 2 学期
一年级人数	45	0	31
二年级人数	73	82	87
三年级人数	3	38	5
四年级人数	1	0	2
选课总人数	122	120	125

表 3　　**各专业学生选课情况分析（单位：人）**

专业		学年学期		
		2005~2006 学年第 2 学期	2006~2007 学年第 1 学期	2006~2007 学年第 2 学期
非地学	采矿	6	14	6
	土木	2	6	4
	机电	9	12	5
	信电	11	16	5
	化工	2	8	5
	环境	24	6	5
	计算机	2	5	5
	管理	9	20	22
	数理	14	3	4
	文法	10	10	23
	外文	7	5	9
	体育	2	2	4
	材料	3	2	2
	艺术	5	6	18
地学		16	5	8

（二）教学方式与特点

（1）精编课程讲义。针对本课程内容较多，涉及范围较广，授课对象为不同专业、不同年级的特点，为达到良好的教学效果，任课教师课前需认真备课，查阅大量书刊，编出“地质灾害与防御”讲义。

（2）精心制作多媒体课件。收集大量的地质灾害影像资料、地质灾害实例图片，配以文字说明，精心制作多媒体课件，以生动形象的方式授课，便于学生理解和接受。

（3）补充地学知识，弘扬地学文化。针对本课程大部分为非地质类学生选修，地质基本知识薄弱的问题，在教学中随时用浅显易懂的方式补充用到的有关地质知识。

例如，在讲“产生崩塌的条件——地形条件、地貌条件、地层岩性条件、地质构造条件”一节时，对于大量非地学类学生必须补充一些地质基本知识。为此，补充了土的概念、土的三相组成，用几十张的实物照片介绍土的颜色、粒度、成分、结构，同学们惊异于原本毫不留心的土竟然如此多姿多彩。在介绍三大岩类时，用岩石实物照片及其组成的地貌形态照片、影像生动形象地展现给学生，广东丹霞山红色砂岩地貌景观、五大连池玄武岩地貌、泰山片麻岩地貌等，让同学们从地质角度看待这些壮丽的风光。对于复杂的岩体结构、地质构造也尽可能地用照片、图片等进行形象性讲解，使没有地质基础的同学易于接受。用大量照片介绍风化、剥蚀、搬运、沉积等外动力地质作用，使学生在欣赏秀美风景、领略大自然鬼斧神工的同时，潜移默化地受到地学文化的熏陶。

（4）重大地质灾害实例分析。在每一章里，介绍该类地质灾害的几个典型实例，如讲授“滑坡”时，就详细介绍我国一些重大滑坡，譬如湖北秭归千将坪滑坡（2003 年 7 月 13 日）、西藏易贡滑坡（2000 年 4 月 9 日）等典型滑坡的过程、危害、成因分析；“泥石流”一章，介绍了 2006 年 2 月 17 日，菲律宾莱特省发生大规模的山体滑坡和泥石流，并对具有泥石流博物馆之称的云南东川泥石流进行详细讲述，把我国铁路史上造成危害最大的泥石流——成昆铁路利子依达沟泥石流惊心动魄的一幕介绍给同学们。此外，对上海地面沉降、西安地裂缝、各大矿区的采空塌陷等都做了详细分析。

（5）可持续发展观教育。特别强调并分析了人为因素对地质灾害的影响，如通过武隆鸡冠岭由于开挖小煤矿引起滑坡堵塞乌江，给国家带来重大经济损失，长三角地区由于过度开采地下水造成地面沉降等实例，使学生能联系实际，树立地质环境保护和防灾减灾意识。

（三）学生收获采撷

课程的教学达到了预期的目的，从下面部分同学的学习收获和体会可见一斑。

（1）知识收获。汉语言 04-3 班王敏：“曾经在高中的地理课上对地质灾害略有了解，但没有这门课老师讲得全，像地裂缝、落石、地面塌陷等是高中没有接触的。”行政管理 05-1 班米培军同学：“老师通过一个个生动的实例，把地质灾害知识展现出来，既丰富生动，又易于了解和掌握，直观地把地质灾害的知识传授给了我们。”

（2）心灵震撼。国贸 04-3 班厉彦栋：“我觉得这门课程对自己心灵的洗礼大过对课程本身专业知识的理解。以前对地质灾害也有所了解，但这所谓的了解也仅仅限于对那些名词术语的知晓，而通过学习，我被这些地质灾害所带来的巨大灾难深深震撼了。我是一名来自浙江嘉兴的学生，从小到大生活在美丽富饶的杭嘉湖平原，那些地震、泥石流、滑坡、地裂缝等灾害仅仅从报纸电视上才能看到，仿佛家乡与地质灾害无关，可当上到地面沉降那一章时，我的心灵再一次被震撼了，一直以来都以为的繁华的上海、园林般的苏州、天堂一样的杭州隐伏着如此深刻的危机，感谢这门课程让我有了防灾减灾的意识。”

（3）感悟与思考。电科 06-4 班王洪军：“在经济建设的同时，应该保护环境、顺应自然规律，形成人与自然的协调发展。”光信 03-2 班蒋桂英：“我体会最深的是，很多农民群众缺乏这种防灾意识，而地质灾害绝大多数发生在偏远山区，乡村民众自我保护意识不强，文化素质也不高，他们更需要关注，应力求最大限度地保护广大人民群众的生命财产安全。”建筑学 04-1 班汪明慧：“学习本课程之后，收获到很多平时不能接触到的东西，平常看新闻只听说哪里又发生了什么灾害，并不能引起什么思考。通过上课老师详尽的讲解和一些实例的图片、数据，地质灾害的概念在我的脑海中渐渐丰满起来。

很多时候，人以‘自然的主人’自居，毫无顾忌地改造自然、向自然索取，自然已经开始了它的报复行动，其中之一就是地质灾害。”

(4) 可持续发展意识强化。汉语言04-3班柳敏：“从第一节课到最后一节课，我的情绪也由兴趣慢慢转变到一种责任感，一种对社会、对自然的责任感，因为我了解了人类活动和自然环境特别是这些自然灾害之间的关系。我们应多让青少年乃至全体人民认识地质灾害，懂得一些基本的防灾方法，同时增强防灾意识更为重要。”

四、结语

公选课“地质灾害与防御”三轮的教学实践表明，课程的开设对于学生树立可持续发展的观念，弘扬地学文化具有重要作用。课程教学以中国地质灾害发育的特点和规律精选和安排教学内容，以实例教学、多媒体教学等教学手段和灵活的考核方式，吸引学生特别是非地学专业学生，对全面提高他们的地学文化素质起到了较好的作用。

◎ 参考文献

[1] 王民．可持续发展教育概论 [M]. 北京：地质出版社，2005.

[2] 王民，蔚东英，霍志玲．论环境教育与可持续发展教育 [J]. 北京师范大学学报（社会科学版），2006 (3)：131-136.

[3] 王民．可持续发展教育的核心主题 [J]. 环境教育，2006 (1)：27-30.

[4] 魏智勇．可持续发展教育在内蒙古的推进与思考 [J]. 基础教育课程，2007 (6)：54-55.

[5] 马宗晋．面对大自然的报复——防灾与减灾 [M]. 北京：清华大学出版社，广州：暨南大学出版社，2000.

[6] 张少明．我国地质灾害及防灾减灾浅议 [J]. 青岛职业技术学院学报 2004，17 (2)：33-36.

[7] 郑友强．《地质灾害专题网站》网络课间赏析 [J]. 信息技术教育，2006 (7)：61.

[8] 王殿华．地质灾害性新闻报道是地质教育的重要内容之一 [J]. 中国地质

教育，2004（3）：72-74.
[9] 马宗晋，高庆华．中国21世纪的减灾形势与可持续发展［J］．中国人口·资源与环境，2001，11（2）：122-125.

基金项目：教育部新世纪优秀人才支持计划（NCET-04-0486）、江苏省高等教育学会“十一五”教育科学规划课题（js054）、中国矿业大学教学改革与课程建设项目（200616）资助。

地质类教材研制中要重视地学文化建设

隋旺华

感谢宋玉环老师的邀请，感谢主持人唐校长！

刚才听了几位老师的精彩的发言，收获很大。同兄弟学校相比，中国矿业大学的地质工程专业成立相对比较晚，从1980年才开始。我从学习到后来从事教学的过程中，各个学校的教材我们基本上都用过，例如南大的、同济的、地大的、北地的、长地的、西安地院的、石家庄地院的等。刚才几位老师都提到教材的重要性，的确如此。教材对于人的一生的影响是非常重要的。教师对人的影响很大，教材对人的影响也非常大。比如，当时我们学习王大纯先生主编的《水文地质学基础》、薛禹群院士主编的《地下水动力学》、张咸恭先生主编的《工程地质学（上下册）》等。以前讲教师的使命是教书育人，现在叫立德树人，还有人加了四个字："著书立说"。著书立说可能都在做，但是，出专著的比较多，愿意编教材的相对较少。前两天在听课程思政的培训，有一个讲昆虫的老师，讲得挺好，他说他有个理想，前30年在读书，中间30年在教书，后30年写书，可能我们在座的很多要进入写书的这个阶段了。

宋老师给我安排了这个任务，我就讲一个观点吧，题目叫："地质类教材研制中要重视地学文化建设"。其实，刚才彭院士、唐校长等几位老师都提到了。为什么用研制，没有用编写，因为教材的编写也是一项非常重要的研究工作。蔡元培先生说过："教育者，养成人格之事业也。使仅仅灌注知识、练习技能之作用，而不贯之以理想，则是机械之教育，非所以施于人类也。"他当年为焦工同学录题词"好学力行"。

习近平总书记指出，要坚持把立德树人作为中心环节，把思想政治工作贯穿教育教学全过程，实现全程育人、全方位育人，努力开创我国高等教育事业发展新局面。

《教育部关于深化本科教育教学改革全面提高人才培养质量的意见》（2019 年 10 月“质量 22 条”），把“推动高水平教材的编写使用”作为一个非常重要的内容，同时，在思政建设方面，要求“推进习近平新时代中国特色社会主义思想进教材进课堂进头脑”。进教材到底怎么做，思政建设纲要里已经讲得非常具体了。理学、工学类专业课程，要在课程教学中把马克思主义立场观点方法的教育与科学精神的培养结合起来，提高学生正确认识问题、分析问题和解决问题的能力。理学类专业课程，要注重科学思维方法的训练和科学伦理的教育，培养学生探索未知、追求真理、勇攀科学高峰的责任感和使命感。工学类专业课程，要注重强化学生工程伦理教育，培养学生精益求精的大国工匠精神，激发学生科技报国的家国情怀和使命担当。

《习近平新时代中国特色社会主义思想进课程进教材指南》（国教材〔2021〕2 号）特别指出，自然科学课程教材要把习近平新时代中国特色社会主义思想的基本立场观点方法转化为育人立意和价值导向，引导学生在学习科学知识、培育科学精神、掌握思维方法过程中体悟习近平新时代中国特色社会主义思想的真理力量。这对教材建设非常重要，特别是要体现习近平新时代中国特色社会主义思想所蕴含的马克思主义思想方法，阐释其辩证唯物主义和历史唯物主义哲学基础，介绍战略思维、辩证思维、历史思维、法治思维、创新思维、底线思维和系统观念的基本内涵。引导学生形成实事求是的科学态度，不断提高科学思维能力，增强分析问题、解决问题的实践本领，依靠学习走向未来。理学、工学、医学类课程教材要结合学科专业特点，阐释人民至上、生命至上思想，培养学生胸怀祖国、服务人民的爱国精神，勇攀高峰、敢为人先的创新精神，追求真理、严谨治学的求实精神，淡泊名利、潜心研究的奉献精神，引导学生认识创新在我国现代化建设全局中的核心地位，理解科技作为国家发展战略支撑的重大意义，努力把科技自立自强信念自觉融入人生追求之中。

在教材建设当中，科学文化或者科学方法论应该起到一个非常重要的作用。科学文化在自然辩证法里，是作为科学社会学的一部分，也有人把它理解为科学精神、科学方法、科学道德、科学规范等这一系列的内容。刘国昌教授在西安地院一本论文集里边有一段话：“我们地质科学里充满了辩证法，从事地质工作的要学会和不断总结地质学中的辩证思维方法。”

彭建兵院士的专著《工程场地稳定性系统研究》，提出人类、地质环境、工程活动三者之间的相互作用和相互协调的关系，是当代工程地质学追求的理想目标。场地工程地质环境条件是一个工程化了的动态复杂大系统。场地工程地质环境条件系统是由各子系统构成的有机整体，包括：地壳环境子系统、地基环境子系统和地面环境子系统。三个子系统的关系是地壳环境制约着地基环境和地面环境，地面环境又依赖于地基环境，并在一定条件下又会改变地基环境。当三个子系统之一发生变化时，整个场地的工程地质环境条件系统又将发生变化，这说明整体行为依赖于部分的行为。把场地始终作为整体看待，把整体与各个部分、各个方面、各个子系统联系起来，从中找出共同规律性的东西，这即是系统性研究原则。

唐辉明教授在2021年11月26日BIGS（巴东国际地质灾害研讨会）培训引导性发言中提出工程地质新三观：系统演化观、人地协同观、工程伦理观。刚才胡老师讲的时候，四梁八柱的图画得非常好。上一届的国务院学科评议组在唐辉明教授、彭苏萍院士的主持下，把《地质资源与地质工程科学方法论》和《地质资源与地质工程研究方法》这两门非常重要的课程列为博士生和硕士生的核心课程，成为必修的课程。现在各个学校都应该在开了。所以，科学方法论包括科学文化的建设对于教材的编写是非常重要的。

我们主要面向煤炭行业，《煤矿工程地质学》是1994年于双忠教授主编的。在2017年，我们根据多年来的科研成果，又联合其他几所煤炭院校重新对这个教材进行了编写。在编写的过程中，我就考虑到底以什么样的指导思想来做，后来发现David Price的工程地质学教材。这本书背后的故事更感动人，老先生去世以后，他们学校的教研室的所有老师几乎是每个人一章，才把他这本教材完善出版。书中提出来三个基本的前提：第一，所有的工程建筑都是建设在地质体之内或者地质体之上；第二，地质体总会以某种方式对工程的建设施加反作用；第三，地质体的反作用（其“工程行为”），对某一特定工程，必须与该工程相适应。当然这都是公理性质的，就作为方法论。同时，他提出来三个表达式。

西方人的思维和东方人的可能不太一样，他们逻辑性更强，解析性的比较多。东方人可能更喜欢从系统思维来考虑问题。这三个表达式是：

岩土体的性质=岩土材料的性质+岩土体结构

工程地质条件（基本状态）=岩土体的性质+岩土体赋存的环境

地质体的工程行为=工程地质条件（基本状态）+工程活动引起的变化

其实这些理念在我们的观念里都有。谷德振先生在定义岩体的时候，实际上已经完全有这个概念了，他把与工程建设有关的、经受过变形、遭受过破坏、由一定的岩石成分组成、具有一定的结构、赋存于一定地质环境中的地质体称为岩体。这是对岩体的一个系统的理解，也有物质组成、有结构、有赋存环境，所以岩土体既是一个地质体，又是一个工程依托体。在煤矿工程地质学教材编写中，由于煤矿本身是一个巨大的地质工程系统，有复杂的地质介质和复杂的赋存环境，还经受着剧烈的采掘扰动，我们就根据这一理念，针对有关煤矿井筒、巷道、采场这些地下工程，边坡工程，煤矿工业建筑地基，煤矿地质灾害与环境，还有煤矿的工程地质与勘察等，明确了煤矿工程地质学的研究对象：煤矿工程建设与地质环境二者的相互作用、相互制约关系及其基本规律。课程的目的和任务：寻求煤矿工程建设与地质环境之间最有利的结合，使煤矿工程建设和生产充分利用有利的地质条件，尽可能减少工程地质灾害的损失。教材编写和教学中贯彻了以煤矿工程地质基本条件研究为基础，以煤矿工程地质问题分析为核心，以适应和保护煤矿地质环境、服务于煤矿安全为目标，以先进的勘察手段和信息技术为依托的课程体系。尤其是安全地质问题可能对其他学科不是非常突出，但是在煤矿上非常突出。

范士凯勘察大师的《土体工程地质宏观控制论》著作有他自己手写的几页纸，我觉得写得非常好。他是从宏观的控制论的角度来研究土体的工程地质性质，把地貌单元、地层时代、地层岩性这几种要素组合起来，实际上和David Price的理念、和我们土体的定义是一样的。这是他以长江整个土体的结构示意图为例，也是从物质组成、结构、赋存环境，包括地质的演化历史等来说明。著名的土力学家佩克，他一直跟着太沙基做研究，他有一句著名的话："我们应当很好地回想和分析为使地下工程成功地付诸实施必不可少的先决条件，至少有三点：通晓先例，精通土力学，以及具有地质学的工作知识 。"他特别强调地质学的工作知识。他强调通晓先例，实际上是强调工程判断的重要性，那么也就是强调他的经验或者半经验的方法。当然我们在教材的编写当中，强调了土的工程性质以及土与建筑物的相互作用力学过程、"工程建设要做到和地质环境相协调"，另外强调"工程经验和工程判断的重要性”。许惠德教授主编的《土质学与土力学》教材是1995年出版的，最早我们用的同济大学的《土质学与土力学》，在2017年和2020年，我们又先后出版了两本教材。2021年土质学与土力学获评为国家一流本科课程。

简单跟大家汇报一下最近在编写的教材，也得到了各位专家的支持和指正。一是《煤矿水文地质学》。苏联有《矿山水文地质》是我们引进比较早的，1958煤炭工业出版社有一本《淮南煤矿的矿井地质水文地质问题》，很多“煤矿水文地质学”教材实际上也是沿用了苏联的内容体系。现在我们国家煤矿水文地质，特别是矿井水的防治，已经进入从局部治理到区域治理，事故后的治理到事故前的超前治理的阶段，这样就很难再用以往的观念来指导现在的实践。受到谷德振先生的水文地质结构概念的启发，我们提出了矿山水文地质结构的概念，初步考虑是从水文地质系统、水文地质单元、矿山水文地质结构、水文地质结构的采动影响这样一个体系来编写《煤矿水文地质学》。

我们从2013年开设博士生课程“安全地质学”，最近在彭院士的鼓励下，在《工程地质学报》2021年第4期出了一个专辑，实际上是在考虑教材编写的方法论。其前提是：

在天然状态下，地质体（具有一定的物质组成和结构——三相组成、结构构造、各类空隙）赋存在一定的地质环境和能量状态中，在一定的温度、压力、化学场等多场条件下保持着动态平衡。

人类矿山采掘工程活动将打破原有的动态平衡，表现出能量释放、流体释放或者压力变化、结构改组重构，这个过程或其后果可能会形成灾害事故，以达到新的平衡。

如果采用主动地质工程措施足以抑制灾变的发生，或者促成新的平衡状态，能量释放（例如岩体中的能量）或者物质释放（例如水、瓦斯）不能造成破坏，或者未突破天然阻隔（例如隔水层）或人工阻隔（例如注浆帷幕），就能做到对灾害的有效防控。

按这样的思路来规划教材的编写，从地质体的物质组成、结构特征、赋存环境、采掘扰动几个方面，同时贯彻地质系统分析的思想，体现地质成因演化、结构分析、相互作用、观测实验和监测预警等方法的应用。

教材建设还要体现校园文化的特色，比如说我校的办学理念就是华罗庚先生在1984年参加我们学校落成典礼的时候的一个题词“学而优则用，学而优则创”，现在已经成为我们学校办学、教师治学、学生学习的理念。“学优用创”的理念，在课程建设、教学和教材建设当中也都有一些体现。

伟大的革命先行者孙中山先生在他的《建国方略》的第一部分心理建设：“孙文学说：行义知难”中把傅说的“知之非艰，行之惟艰”、王阳明的“知行合一”，改成“知难行易”，特别提出来“攻心为上”。从教材建设的角度，在教材建设中贯彻科学的方法论或者科学文化，要把地球科学的辩证唯物主义的方法论贯穿到整个教材的建设过程当中。教材要包含所有的知识是不可能的，现在是知识爆炸时代，教材从编辑到出版，还有一个时间过程，所以，非常重要的是融入地球科学的科学文化理念。

这就是我要给大家汇报的，谢谢大家！

主持人唐辉明教授点评：隋老师从科学文化、科学方法论的角度来谈教材建设有关的问题，思考得很深刻，另外还有科学哲学。刚才隋老师讲的主要是从科学的角度，教材建设中还要体现中国传统文化。《左传》里谈“三不朽”——立德、立功、立言，立德是做人，立功是做事，立言更多的就是指教材。谢谢隋老师！

（本文是2021年12月4日中国科学院大学宋玉环召集的地质工程教材建设研讨会上的发言，由刘一凡根据录音整理，隋旺华校对）

工程实例在“土质学与土力学”教学中的引导作用

隋旺华

土力学家佩克说过：“地下工程是一门技艺，土力学是一门工程科学……我们应当很好地回想和分析为使地下工程成功地付诸实践必不可少的先决条件，至少有三点：通晓先例，精通土力学，以及具有地质学的知识。”像众多的学者和技术人员一样，他把地下工程看成一门技艺，而非科学，亦即，经验的方法仍处于非常重要的地位，因此，要想在这一学科上有所成就的话，丰富的经验是重要的因素之一。奥地利著名学者米勒教授访华时，在一次座谈会上，有年轻人问：怎样才能像你一样成为一个大专家？他答道：你踏踏实实地、一个一个工程干下来，等到我这么大年纪，你就是一个专家了。可见他是多么重视工程实践！

对于在校大学生来说，接触实际工程的机会较少，当然也就谈不上积累经验，但是前人留下来的经验（无论是成功的，还是失败的）应该成为后人借鉴的宝贵财富，所以如果在教学中让他们了解一些工程实例（即通晓一些先例），培养他们重视实践的思想和联系实际的思想方法，对日后的工作必将产生良好的影响。近年来，我先后四次主讲了水文地质工程地质专业的基础课“土质学与土力学”，在教学中运用工程实例的引导作用取得了较好的效果。主要体会如下：

一、用实例阐述问题的重要性，引出主题

教材在叙述每部分内容之前往往都强调其重要意义，而学生很难体会到

其重要性究竟何在。例如，地基沉降及变形的计算是土力学中重要的内容，为什么要计算地基沉降及变形呢？在教学中我就从意大利的比萨斜塔讲起，该斜塔从修建时就发生了倾斜，现在距地面55m处已偏斜了6m。原因就是修建前没有进行地基勘察，事先没有进行沉降变形计算，后经钻探表明，地基为一层高压缩性的黏土层，基础两端压力由于偏斜而差别越来越大，从而产生不均匀沉降致使塔身偏斜，成为土力学中著名的难题，虽经几次大规模的处理，仍有进一步偏斜的危险。有一幅漫画讽刺道，在修建比萨斜塔前没有进行勘察节省了700里拉，而现在的维修费用竟达13亿~14亿里拉。通过这一实例的分析，学生切实认识到修建建筑物之前要进行勘察，查明土层的工程性质，要计算地基的沉降变形和承载力。这样，他们才觉得应进一步学习怎样去计算、怎样去评价，目的性明确了，学习起来就主动多了。

二、由实例引出一些基本概念

对于概念的讲解，先给出定义再进行解释是一种方法，但对于一些较抽象的概念，如果事先给出一些形象化的实例，讲解进来就易于理解。例如渗透变形：岩土体在渗流作用下，整块或其颗粒发生移动或其颗粒成分发生改变的作用和现象。直接给出这一概念，学生往往有些摸不着头脑，再解释已兴趣索然，难以集中起注意力来，如果首先列举基坑开挖、井筒流砂、水库水坝潜蚀造成的事故，分析其原因，再给出定义，就显得自然而轻松。

三、由工程实例可以培养正确的思维方法

土力学中三轴试验指标按实验条件可分为三类：不固结不排水剪（UU试验）、固结不排水剪（CU试验）和固结排水剪（CD试验）。相应地，这三类试验得出三组抗剪强度指标 C_u，φ_u；C_{cu}，φ_{cu}；C_{cd}；φ_{cd}。这三类实验方法的选择和实验指标的选用要根据具体的地质工程条件，在什么条件选用何种指标进行设计和计算是一个非常重要的问题，关系到工程的质量甚至工程的成败。在讲解这个问题时，教师首先举了国内福州火电厂砂井堆载预压的实例，该工程计算堆载层厚度时采用了不固结不排水剪的指标 C_u，设计的堆载高度为4.7m，结果当堆载高度达2.8m时就失稳了。然后让学生分析原因，多数同学能从同一种土的 C_{cd} 小于 C_u，用 C_u 设计过高地估计了地基土的承载力得到解答，从而认识到具体问题具体分析、根据具体的工程条件选择设计参数

的重要性。

四、工程实例可以培养学生重视实践的思想

“土质学与土力学”是大学三年级进入专业教育阶段的起步课程，理论课学习的“惯性”使他们往往把注意力集中到理论部分，这对培养学生的全面素质和毕业后的适应性非常不利，通过工程实例的介绍，使他们逐渐认识到该门课程是实践性很强的课程，针对每项具体的工程都应进行勘察，取得第一手资料，而不应只查手册。九〇至九五届毕业生大部分在分配和择业时选择了勘察设计单位，主动地到生产第一线接受锻炼，有些同学来信说，老师讲解的工程实例在他们的实际工作中常常提醒着他们，他们也时常注意着积累工程实例和经验，“通晓先例”给他们的工作确实带来很大的益处。

总之，应用工程实例的引导作用，可以把许多抽象的理论、概念、研究意义等讲解得比较透彻，容易理解，容易留下印象，还可以活跃课堂气氛，增强学习的主动性。

值得指出的是，应用工程实例教学要注意实例的典型性，要有说服力，时刻牢记实例是为主要内容服务的，不能冲淡了主要内容；实例宜少而精，并尽量结合现代化的教学手段，如幻灯片、投影和录像等，做到直观易懂，节省时间，提高课时效率。要鼓励学生课外自己阅读分析有关工程实例，提高他们的学习兴趣和自学能力。有条件的，可以让他们到勘察设计单位参与实际工作，这对他们综合素质和能力的培养很有好处。

（原刊于《教育教学研究文集》，徐州：中国矿业大学出版社 1995 年版，第 182-185 页）

第三编

师生与质量保障

大学基层学术组织改革与建设探讨

隋旺华　董守华

基层学术组织作为研究型大学教学和科研的技术核心和基本组成部分[1]，其建设和发展对于实现大学的基本职能，具有举足轻重的基础性作用。

一、我国大学基层学术组织的发展及存在的问题

中华人民共和国成立以后，从教学为主，到教学科研两个中心，再到人才培养、科学研究、社会服务大学功能的全面确立，基层学术组织也在不断适应大学功能的转变。适应教学为主的要求，我国大学的组织结构基本采用“学校（学院）-学系-教研室”的模式。教研室是高校基层学术组织的主要形式，其主要职能是组织本科教学活动、兼负研究生培养和教职工的行政管理工作，承担少量科研任务。20 世纪 80 年代以后，高水平大学开始加强学校科研中心的建设，逐步按照学科和专业形成了专门的研究机构。“211 工程”和“985 工程”实施以后，研究型大学的基层学术组织职能更加倾向于科研。后续高校国家级或者省部级科研平台和研究中心的主要职责是科学研究、科技创新和研究生培养。进入 21 世纪，随着高校社会服务职能的增加，研究型大学与国家、地方、企业和其他研究机构等合作，形成了一批新型的官、产、学、研多方共建的新的基层学术组织。同时，为满足学科交叉和跨学科解决大的科学与工程问题的需求，必须建立跨学科跨专业的科研中心和团队。

张秀萍等概括了我国研究型大学基层学术组织存在的主要问题：

（1）我国高校组织结构中普遍存在权力结构头重脚轻的不平衡问题，基层学术组织的自主管理权力有限，校级和院级领导以行政手段直接或间接干涉基层组织的学术活动，造成行政权力和学术权力的矛盾，严重阻碍了学术

的自由发展。

（2）基层学术组织各自独立而缺少横向联合，不利于科研和教学过程中学科的交叉发展。高校的学术组织结构呈现刚性化固定模式，把基层学术组织以学科为依据划分在不同的院系之下，大多在单一学科的基础上建设，人为地分割了学科的多重属性，不利于科研的学科交叉和学生的眼界开阔和素质培养。

（3）基层学术组织中重科研而轻教学的现象严重。对于同时承担这两种职能的基层学术组织的成员来讲，的确存在教学和科研不能兼顾的问题。一个称职的大学教师能够用于学术研究与知识创新的时间非常有限。反之，整日专注于学术研究的教授也缺少足够的精力和时间去完善自己的教学，导致教学质量下降。再加上大学教师绩效的衡量标准倾向于科学研究成果，使研究型大学的教师对科研的重视远远超过了教学[2-3]。

二、基层学术组织改革的几点做法

中国矿业大学资源与地球科学学院自2006年起，作为学校基层学术组织改革的三个试点学院之一，实行“校-院-所”三级管理体制改革已经运行8年多，积累了一定的经验，为下一步改革奠定了基础。

（一）明确基层学术组织的职责

各基层学术组织的负责人（所长、主任）是该基层学术组织学科建设、科学研究、师资队伍建设和教学工作的组织者和负责人。基层学术组织按学科和专业分工承担相关学科建设、“211工程”“985工程”等建设工作。包括学科点申报建设、师资队伍建设、高端人才选拔和培养、平台与基地（国家、省部级实验室和工程中心）的申请和建设、研究生培养、创新团队申报与建设等。

（二）明确基层学术组织在实现大学职能中的作用

基层学术组织在实现大学人才培养、科学研究、社会服务、文化传承和国际合作与交流功能中起着重要的基础性的作用。

基层学术组织要积极进行教学研究与改革，加强本科生实践能力和创新能力的培养，积极开展本科生科研参与计划、大学生科研训练计划等多种形式的科研活动，为本科生配备专业指导教师，指导大学生学习和参与各类学术活动。基层学术组织按照学校、学院总体要求，积极开展教学研究和教学改革，组织本单位教师申报教学改革、课程建设、教材建设立项，总结和申报教学成果。对研究所每年申报的教改项目、大学生科研训练计划、全校性素质教育公选课等提出具体要求。

基层学术组织应以提高科技创新能力为目标，积极组织本单位和跨学科教师申报国家、部、省等纵向课题，积极争取横向课题。积极参与国家高层次科研课题的立项建议、申请指南编写，申报高水平（国家自然科学基金重点项目或教育部重大和重点）培育项目，或国家“973”“863”项目等。

基层学术组织对引进师资进行初步考察，新进学院的青年教师应积极承担各类教学任务，应届博士毕业生应进入相应的博士后流动站工作，有条件的可进入企业博士后工作站，要在指导教师指导下积极申报国家自然科学基金等各类项目，积极参与有关科学研究工作，努力提高科学研究水平。基层学术组织按专业分工承担博士生、硕士生和工程硕士生的培养工作，具体负责组织研究生的开题、中期检查和答辩等工作。实施研究生创新计划、研究生“助教、助研、助管”制度。

基层学术组织按照需要组织或参加国内外学术会议和聘请国内外学者来校进行学术交流。研究所内学术交流吸收研究生和本科生参加。学院每年举行青年教师教学科研成果报告会、学院科学报告会。

（三）为基层学术组织发展提供必要的资源与条件

为了将基层学术组织工作落到实处，基层学术组织应具有办学资源方面基本的权力，对学院办学资源的配置具有建议权和参与权，对已获得的办学资源在符合学校和学院有关制度的前提下具有自主配置权。基层学术组织的运行经费分为人员经费和绩效奖励经费两部分。应制定具体的经费配置和使用方法。基层学术组织运行经费由所长（主任）支配使用，主要用于组织教学活动、科研活动、专业学术论文和教学论文的版面费、学术交流等。

学院设立青年教师教学科研基金、教育部实验室开放基金（由实验室专款支出）、教学成果培育基金（项目）、卓越人才培育基金（项目），经费由学院行政经费、科研无形资产占用费和其他收入组成。

基层学术组织学科建设负责人一般担任学院教学委员会委员，具有对学院、学校教改项目、学生科研训练项目的设立、评选的权利。

（四）目标管理与考核

基层学术组织领导班子实行任期制，一般为2年，学院对基层学术组织实行任期目标管理和任期评价考核制度，由教师进行打分。学院对完成基本要求并在学科建设、科学研究、本科教学中作出突出贡献的基层学术组织给予表彰和奖励，每年评选优良教风基层学术组织，并实行教学一票制，以此推动了基层学术组织建设。

三、基层学术组织的学术权力运行

（一）充分发挥学院教授委员会的作用

学院教授委员会、教学委员会和重点实验室学术委员会对学院发展规划、学科建设规划、师资队伍建设规划、本科生培养方案、研究生培养方案等进行审议或审定，评审教师职称，授予本科生、研究生学位，评定教学、科研成果及奖励，推荐高端人才和高层次优秀学术人才，评审学院设立的各类基金及院级教学科研奖励。

（二）发挥学科建设和专业建设负责人的作用

设置学科建设、专业建设及课程建设等负责人岗位。

学科建设负责人，一般兼任各基层学术组织教授委员会主任。学科建设负责人的主要职责是：全面负责和组织本所（单位）的学科建设规划、实施，指导本所的人才培养和科学研究工作。

专业建设负责人负责某一本科专业的建设，包括审定质量标准、培养方案，审核课程教学大纲和实践教学大纲等，组织开展专业综合改革、卓越工程师计划、江苏省重点专业等各类专业建设工作，并通过相关部门的考核验收，负责专业评估认证工作，编制教学质量报告等。

课程（群）建设负责人负责课程（群）建设，包括教学大纲的制定、教学内容组织安排，审定课程考试试卷，开展课程建设、教材建设，指导青年教师等。

实践基地建设负责人负责建立可持续发展的管理模式、运行机制和开放共享机制，制定工程实践教学运行、学生安全管理、生活保障等有关规章制度；负责建立以强化工程实践能力、工程设计能力与工程创新能力为核心的工程实践教育模式；负责建设专兼结合的指导教师队伍，积极开展指导教师培训，不断提高指导教师队伍的整体水平等。

（三）建立基层学术组织联席会议制度

学院建立基层学术组织所长（主任）联席会议制度，讨论与各单位有关的学科建设、科学研究、本科教学、研究生教学、资源分配等问题，协调各方关系，并为学院提供决策依据。各基层学术组织按照校、院有关基层学术组织改革的要求，建立内部分工和协作等工作制度，所（中心）内事务做到民主协商、科学决策。基层学术组织积极关心、参与学校和学院各项事业改革，并及时提出意见和建议。负责人积极动员和组织相关人员，帮助毕业生就业，提高就业率和就业质量。基层学术组织在自己职权范围内自主组织学科建设、科学研究、本科教学与研究生培养。基层学术组织对所聘任的教职工进行任期中期检查和任期考核，为学院和学校考核提供建议。在如何处理基层学术组织与跨学科教学科研平台的关系、与团队的关系等方面还有待进一步探讨。

四、结语

党的十八届三中全会关于全面深化改革的重要决定，对深化教育领域的综合改革提出了明确的要求和重要的指导。深化学校内部管理体制改革，尤其是如何通过改革，发挥基层学术组织这一技术核心的积极性，激发广大教师的创造性，对建设现代大学制度，合理划分行政权力和学术权力，具有积极作用。潘懋元先生指出“所谓大学自主权，说到底，不是行政管理的自治，而是学术管理的自主、自由与自律。行政权力凌驾于学术权力之上，从体制上控制了学术自由，压抑了学术繁荣。为此，大学管理体制改革，应当把重点转移到学术管理的改革与完善上。”[4]我们虽然在基层学术组织改革中做了一定的尝试，但是，任重而道远。也期望以此文引起大家对基层学术组织改革的重视，共同探索建设适应现代大学制度要求的基层学术组织制度。

◎ 参考文献

[1] 宣勇. 大学组织结构研究 [M]. 北京：高等教育出版社，2005.
[2] 张秀萍，张弛. 基于开放式创新的研究型大学基层学术组织科研模式 [J]. 研究生教育研究，2011，1 (1)：68-73.
[3] 张秀萍，张弛. 我国研究型大学基层学术组织的管理创新 [J]. 煤炭高等教育，2011，29 (1)：13-15.
[4] 别敦荣. 美大学学术管理 [M]. 武汉：华中理工大学出版社，2000.

基金项目：江苏省“十二五”重点专业地质工程、江苏高校优势学科建设项目地质资源与地质工程。

（原刊于《中国地质教育》，2014 年第 4 期，第 24-26 页）

高校院（系）级教学质量保证体系的研究与实践

隋旺华　曾　勇　郑伦素

一、高等学校教学质量管理分层次实施的思考

什么是质量？质量就是符合要求标准。克劳斯比说过：质量管理就是要求员工第一次把事情做好。管理学者还认为，因质量不好而归咎于员工、设备和物资是十分容易的事，因为他们现成可见，但这是一个巨大的错误。百分之百的质量问题和解决办法都始于高层管理部门。为此，优秀的管理者都将质量奖励视为自己的工作方法之一。

什么是教学质量？教学质量是指学校和课程项目是否适合其预设的目标，是否有证据显示在一定程度上实现了那些目标。因此，是否实现既定目标就成为检验或评价教学质量的重要视角。

学校对学生的总体培养目标要依据学校的定位、国情和科技发展的需要客观和实事求是地确定，当然这个目标的设定会在很大程度上影响到学校在社会的声誉和社会对学校的认可程度。学校不一定详细地了解这些目标，但是他们会通过学校毕业生的质量和社会影响来过滤他们的信息，从而形成对学校的社会公众评价。因此，高等学校教学质量管理的第一个层次，就是设定学校总体培养目标和制定对专业学院、重要基础课程、教师评价的标准和评估办法。严格招生制度，保证生源质量。严把质量关，向社会输送合格的毕业生。

高等学校的院（系）是教学和科研的具体组织部门。因此，院系的教学质量管理应该是在保证学校培养目标的前提下，对学院的学科专业结构、学科专业发展、课程等制定相应的目标，而这些目标一般不应该低于学校的目标。在此基础上，采取一系列措施，动员全体师生员工为实现既定的目标而努力。

教研室（或教学部）则要在学院的统一领导下，对某一专业或课程群的教学质量担负起责任。专业建设负责人、课程负责人、教师、实验人员等在本科教学工作中都应为了预定的目标而努力。

因此，高等院校的教学质量管理要分层次进行，每一层次应有明确的目的和任务。作为学校一级，校长的教育思想和办学定位对学校的发展和教学质量的保障起着重要的导向作用。学院是教学科研的实体，是做好上传下达的中间环节。学院的教学管理兼有学术管理和行政管理的双重属性，是实现办学目标和培养目标的重要保证，促进教学改革的有力手段和保障教学质量的重要手段。为此，本文结合自己的工作体会对院（系）教学质量保障体系谈一些粗浅的认识。

二、健全院（系）教学管理机构

教学质量保障就是要保证教师教授的方式及学生学习的方式是有效的和最好的。因此，在学院的各项工作中，必须把培养人才的质量放在首位，建立教学质量的责任保障机制。院长（系主任）作为院系教学工作的第一责任人，对全院的教学工作要负总责，应该有明确的办学思路和指导思想。专业建设负责人则应该深入考虑专业发展的规划、课程建设规划、教材建设规划、实践教学的规划，并具体实施各项规划，保证专业培养目标的实现。课程（群）建设负责人和主讲教师要保证课程（群）的教学效果符合培养学生的要求。

建立教学质量的责任机制的同时，建立健全院系教学质量的学术咨询机构也是必不可少的。如以学科建设和职称评聘为主要任务的学术委员会、以博士生导师推荐硕士生导师评聘和学位初审为主要任务的学位委员会、决定学院教学方面重大事项的教学委员会、课程建设立项和评估的课程建设委员会、教材建设委员会。有条件的还可以建立教学督导专家组。

三、确定院系的办学定位

院（系）的办学定位是保证教学质量的宏观要求，也是各项工作的目标。因此，在确定院系的办学定位时要正确处理好传统优势学科专业和新兴学科专业以及现代高新技术的关系，用现代高新技术改造和提升传统学科专业的水平和层次；要正确处理好学科专业之间的交叉渗透，在学科和专业的边缘地带寻找新的生长点；要正确处理学院发展和国家发展战略的关系，学校的发展要为国家发展战略服务；要正确处理好质量、规模、结构和效益的关系。

我院在学校发展战略研讨和“十五”规划的制定中，明确了我院在新世纪发展的指导思想，确立了我院的办学定位和人才培养模式。

指导思想：以邓小平理论和江泽民同志“三个代表”的重要思想为指导，培养德、智、体、美全面发展的适应社会主义现代化建设的高素质人才。以教学和科研为核心，抓科研、促教学，努力提高教育教学质量，以本科教育为基础，大力发展研究生教育。进一步转变教育思想观念，统一思想、深化改革，努力加快学院发展的步伐。加强基础，拓宽专业方向，淡化专业界限，积极挖掘新的学科增长点，努力开拓新的专业领域，把学院的教育改革推向前进。

办学目标定位：以人类可持续发展为目标，以资源环境和人类生存条件为立足点，以地球系统科学为新地球观和方法论，以高新技术和数字地球为技术手段，以理工相互渗透多学科联合交叉为基础，面向国家社会主义经济建设，在培养社会需要的高素质复合人才、构筑新的学科增长点的同时，研究和解决人类共同面临的地质资源、社会地质、地质灾害、人类生存环境及相关领域的问题，经5年的努力，争取把我院建成总体上国内领先，某些领域具有国际先进水平或国际领先水平的学科群体，以学科建设为依托，在稳步发展本科教育的同时，大力发展研究生教育，为实现21世纪人类生存条件的改善及人类社会可持续发展这一最高目标而奋斗。

专业的定位：依托传统优势学科，办好名牌专业——地质工程专业；促进学科交叉渗透，办好特色专业——生物医学工程专业；服务国家发展战略，办好急需专业——资源环境与城乡规划管理专业、水文与水资源工程专业。

人才培养模式：经过多年的教改实践，我院已形成了以“5+3”分段式教学为特色的教学模式，其核心内容为：实施“5+3”分段式教学，即前5个学期专业大类学习共同的基础课和专业基础课，为后续课程学习和走向社会打下牢固的基础，后3个学期按专业大类、专业、专业方向、毕业设计三次分流，逐步定位，因材施教。制订三层次培养计划，强化基础，拓宽知识面。第一层次为通识课程，是地学类专业理、工、人文、社科等综合基础课程；第二层次为地学学科群基础课；第三层次为专业基础课及专业课程。“三元结构”的教学组织形式，即将传统的“课堂教学—实践教学”的“二元结构”教学组织形式延伸为“课堂教学—实践教学—学术活动（科技活动）”的“三元结构”教学组织形式。把科技（学术）活动作为其中重要的一个环节，培养学生的创新能力。

四、教学管理与质量保证体系

（一）加强对各系（教研室）和教辅单位的管理和评价

坚持系主任教学例会制度，及时对各系和教辅单位的工作进行指导和检查。对系和教辅单位分别采取不同的评价指标。对系参照学校“优良教风教研室”标准，结合实际情况，采用如下重点指标：①组织教师开展教育思想讨论、教学改革的情况及主要教改成果；②学年度基本教学文件；③青年教师培养计划、措施及落实情况；④考卷及毕业设计检查结果；⑤学校专家督导组听课情况；⑥学院、系专家听课情况等对各系教学工作进行全面评价。对被评为先进的单位进行奖励。

（二）教学过程监控与质量保证系统保证教学质量全面提高

我院的教学过程监控和质量保证系统，包括：①院领导听课检查制度；②院专家组听课检查制度；③期中教学检查与反馈制度；④毕业设计过程管理制度；⑤教师教学工作学年考核制度等。这一系统的实施对保证正常的教学秩序和教学质量起到了积极的作用，教师（特别是青年教师）对教学普遍重视，教研室都配备了指导教师指导青年教师备课和讲课。有的系要求非常严格，如对新专业的新课程，不论新老教师，全部要经过试讲通过才能讲课，保证了新开课的教学质量。课时津贴的发放以教学情况的综合评价为基础，组织对教师教学工作的全面考核，对教学效果优秀的教师提高工作量酬金，并在各种教学奖励评选和职称晋升中给予倾斜。

毕业设计（论文）过程管理制度也是我院在近年来为保障毕业设计质量采取的行之有效的教学管理制度，从指导教师选派、选题、教学文件、评审、答辩等关键环节和日常管理各个方面加强管理。指导教师要求教研室指派讲师以上职称的担任、召开毕业设计指导教师会，专门提出选题的要求，并及时重新修订了实习、设计大纲和指导书。

这一质量保证体系还包括学生科技学术活动指导与管理，以及为适应学分制改革推行的一系列学生管理体制改革，如导师制实施等。

五、实践效果

以上教学质量管理和保证体系在我院实施和逐渐完善，取得了很好的效果，保证了我院各项教学改革的稳步推进和教学质量的不断提高。我院连续5年在全校的教学评估中获得优秀。

专业建设方面取得重要突破。在1998年新的专业目录颁布之前，我院有四个工科类地质专业：煤田地质勘探、地球物理勘探、勘察工程、水文地质与工程地质。由于行业的不景气，造成招生困难，我们在学校率先实行了按专业大类的招生，并结合我院的实际制定了切实可行的办学定位，使我院专业建设向相邻学科交叉渗透和拓展，到目前形成了结构比较合理的专业布局。各个专业的软硬件条件也在不断改善。形成了传统优势学科专业、新兴特色专业（方向）和国家急需专业共同发展的良好局面。

教学成果突出。近年来，我院先后获得国家级教学成果一等奖、二等奖各一项，省部级教学奖多项，有3门课程被评为江苏省一类优秀课程。

教学质量明显提高。由于专业培养目标明确，注重学生的素质培养，学生基础扎实，在历年国际或全国数学建模比赛中我院的学生都表现突出，先后有数十人获得大奖。有的学生在毕业前作为副主编在科学出版社出版了专著。有的学生的论文发表在清华大学数学实践杂志上。考取研究生的比例逐年上升，1999年为24%，2000年为33%，2001年达44%，远远高于我校的平均水平（12%~18%）。毕业生也以良好的素质受到用人单位的欢迎。

◎ 参考文献

[1] 马维·彼得森. 高等教育的质量、评估和认证 [G] //中外大学校长论坛文集. 北京：高等教育出版社，2002：301-327.

[2] 安娜·朗斯戴尔. 教师发展与教和学中的质量保障 [G] //中外大学校长论坛文集. 北京：高等教育出版社，2002：242-263.

（原刊于《中国地质教育》，2003 年第 3 期，第 56-58 页）

加强过程管理　提高毕业设计质量

隋旺华　曾　勇

毕业设计（论文）工作是高等工科学校最后一个重要的综合性教学环节。保证这一环节的教学质量，对学生综合运用基本知识和基本技能，培养学生的独立分析和解决实际工程问题的能力，掌握从事科学技术研究的基本方法，发展学生的全面素质，尽快适应社会主义市场经济有着重要的作用。自 20 世纪 80 年代中后期，毕业设计（论文）质量滑坡，其中有经费投入不足，教师精力投入有限，学生积极性不高和思想政治工作跟不上等原因，但教学管理工作薄弱是一个相当关键的因素。近年来，在进行地质类专业毕业实习、毕业设计（论文）工作中，我们从抓教学管理入手，加强毕业实习、毕业设计（论文）过程管理，规范教学行为，从而使毕业设计（论文）工作效果明显好转，总体质量明显提高。本文介绍我们的几点工作体会。

一、坚持把关职能，抓住关键环节

教学管理工作在毕业设计（论文）过程中应充分发挥其把关的职能，要抓住以下关键环节：

（一）指导教师选派关

指导教师在毕业实习、设计（论文）工作中处于非常重要的地位，教学实践证明，教师的责任心、投入、学术水平、品行等对学生的言传身教，对提高毕业生的能力和素质起着关键作用。在选派指导教师时，既要重视其业务水平和教学经验，又要考查教师的敬业精神。为此，我们规定，指导教师由教研室讨论选派中级以上职称并协助指导过一届以上的教师。对往届指导质量不高，投入不够，学生意见大，教学效果不好的教师，不再安排直接指导毕业设计（论文），而让其协助一些有经验和教学效果好的教师进行带职培训。近年来，我们每年大约选派 30 名的教师指导毕业设计（论文），其中高级职称的占 60%左右，一般每人指导 3~5 名学生。学生反映绝大多数教师都能按照大纲的要求进行指导和辅导，学生的满意率在 95%以上。

（二）教学文件齐备关

毕业实习、毕业设计（论文）必备的教学文件，包括实习计划、设计计划、大纲、指导书等，要根据新的形势和社会需求及时编修。近年来，我们曾两次修订实习、设计大纲和指导书，及时增添了经济建设急需的内容和反映现代地质工程技术发展的内容，目前，各专业毕业设计文件齐全，对保证质量起到了很好的作用，弥补了理论教学的不足。

（三）选题关

毕业设计（论文）的选题既要包括本专业的基本理论、基本知识和基本技能综合运用的内容，又要考虑当前国内外科技发展动向，体现计算机技术的应用。毕业实习结束前，指导教师要指导学生选题，明确主要内容和主要途径。选题要做到难易适当、工作量适中。由指导教师向教研室汇报，集体讨论，提出修改意见后决定。为培养学生的工程意识，要求各专业选题结合生产、工程或科研课题进行，其比例近 3 年来一直保持在 95%以上。

（四）评阅关

毕业设计（论文）编写过程中，教师要及时审阅，一般按以下步骤进行：①审细纲，对学生编写的细纲，认真审阅，提出修改意见，直到比较满意为止；②审初稿，对学生设计（论文）的初稿进行审阅，着重指导，只提原则性意见，让学生自己修改；③审二稿，对学生修改稿进行详细的审阅，对文章的结构、论点、论据、文字表达、标点符号、图表等详细审阅；④审三稿，学生定稿，指导教师审核签字后，开始誊写或打印。经过这一过程，教师可以对学生的能力有一个比较全面的了解，促使其提高水平，更重要的是督促其养成严谨求实的科学作风，学生走向社会后会受益匪浅。

（五）答辩关

答辩可以给学生一个施展才华、展示成果、锻炼口才和胆量的机会。答辩前要做好论文的评审，除要求指导教师根据大纲对学生的设计（论文）做出全面的评价外，还要求指派一位高级职称的教师对论文进行评审，有条件的可以外审。对学生的成绩评定要严格把关，不合格者不能获得毕业证书，工作一年后重新答辩，成绩合格者，补发毕业证书。

（六）考核关

严格对毕业实习的考核，从政治思想、专业技能、职业道德、工作作风、身体素质等方面进行考核，加强实习和设计的过程考核，重视成绩的综合评定。避免学生前半阶段抓不紧，后半阶段开夜车的弊端。

二、加强日常管理

抓住关键环节，体现了过程管理的把关功能。日常的管理工作可以起到及时预防和改进工作等作用。我们的主要做法是：

（1）毕业实习前召开全体指导教师会议，明确任务、目的和要求。分专业召开实习、设计动员大会，向学生宣布实习的要求、目的和纪律等。

（2）坚持系、教研室两级例会制度。例会一般一周一次，研究解决实习、设计（论文）中出现的问题，讨论选题，审阅论文等。

（3）利用期中教学检查，召开师生座谈会，发放调查问卷，学生与教师双向反馈信息，在不同阶段有针对性地收集有关进度和问题。期中教学问卷主要从学生方面了解对毕业设计（论文）工作量、教师指导时间、结合生产实际（工程）等方面的情况以及毕业实习和设计、理论教学中所存在的主要问题等。将这一信息及时反馈给教师，对教师起督促作用。

（4）推广经验，宣传典型。1997年，请校教学模范陈家良为青年教师介绍了指导毕业实习和毕业设计的经验。陈老师在实习地点选择、选题等各个环节都花费了大量心血，想方设法解决实习经费的不足。实习小组共4人，从现场收集地质资料4万余字，采集5层煤多组煤样，在室内进行了各种实验，磨制薄片30片，光片130片，显微照相480余张。实习过程中，陈老师虽然近60岁了，还是以身作则，与学生同下井，同劳动，经常是汗流浃背，受到同学们的高度赞扬，学生设计（论文）完成水平较高，四位同学取得了优良的成绩。

（5）做好协调工作。包括指导教师与实验室、机房的协调，各专业、各答辩委员会的协调等等。

（6）及时总结经验。规范指导毕业实习、毕业设计（论文）总结，要求教师就按大纲完成实习情况、保证毕业设计（论文）质量的措施、教书育人情况、学风及存在的问题、建议以及现场对我校往、应届毕业生的评价等方面及时写出总结。要求各专业及时总结毕业实习、毕业设计（论文）工作，尤其是对存在的问题及解决问题的建议，以利于下届工作。

三、存在的问题及对策探讨

（一）多渠道解决经费投入不足

经费投入不足是近年来影响毕业实习时间和毕业设计质量的重要因素。在目前大环境下，一时要求大量增加投入是不现实的。我们采取多种形式，如结合科研、就近实习、建立比较稳定的实习基地等办法，尽量少受经费不足的影响。例如应用地球物理专业97届，原计划野外实习4周，结合科研有60%以上的学生达到8周；岩土工程专业方向利用校内岩土工程公司实习基地，实习时间均能超过6周。另外，教师还从多种途径想办法，就近实习、参与工程施工、毕业生到就业单位实习等。

（二）学生择业自主性加大，影响毕业实习、毕业设计的进行

学生在高校的最后一个学期，是择业的关键时期。时间冲突使大多数学生难以安心搞设计，严重影响了正常的教学秩序，为解决这一问题，我们积极配合学工部门，参加分配协调会，1997年底先后请来了中国煤田地质局和各矿务局等有关单位十几家，在1998年3月之前已经有85%的学生落实了就业，稳定了教学秩序。

（三）教学内容陈旧，联系实际薄弱

理论教学目前较普遍存在着落后于实践的状况。由于教学经费不足，教学内容陈旧，一些现场已经普遍使用的仪器设备，教学中基本没有涉及，一

些过时的东西花了过多时间，学生对此反映强烈，问卷调查中，几乎所有同学都认为课堂教学与实践脱节。解决这一问题，要花大力气更新教学内容，更要加大教学投入。我们利用“211 工程”建设的契机，引进了遥测地震仪、地质雷达、地学信息处理系统、定向钻进系统等高科技设备，大大提高了实践教学的现代化，为培养复合型和技能型实用人才创造条件。

（四）加强综合工程训练，克服只重视引入新方法、设计内容过偏过专的倾向

近年来，一些教师常把自己科研或学位论文中的专题作为学生的毕业设计（论文），如有的搞分形理论或模糊数学的应用，无疑，这对学生创新培养是有一定帮助的。但往往忽视了工程综合训练，基础数据不扎实，对学生今后工作是不利的。克服这一问题要从把好选题关着手，从指导教师方面做工作。

四、建立奖惩约束机制，使过程管理规范化、制度化

教学管理中，如果过分重视教师的自我约束力，往往达不到满意的效果。近年来，青年教师数量增加，他们学位高、科研能力较强，但没有受过严格的教学训练，同时也有个别教师投入不足，因此，必须从制度上建立奖惩机制，明确要求考核指标。我们建立了一系列考核指标，以教师的行为标准对其进行考核，并结合评比优秀毕业实习小组和优秀毕业设计等活动，给予奖惩。

（原刊于《中国地质教育》，1998 年第 4 期，第 54-56 页）

开展科技活动，培养创新精神

隋旺华　曾　勇　李来成　蔡　荣

素质教育和创新教育是目前正在进行的教学改革的核心和关键。创新精神是任何优秀人才成长不可缺少的条件。

人的创造力的表现和发展要求有相应的环境，学生的创新精神的培养要求我们的教育必须进行根本的变革。为学生的成长创造一个宽松、民主、自由的环境，这是创造力能够得以发挥的重要前提。在培养目标上要突出创新精神和创造力培养的要求，要充分认识到，实现创新培养目标是一项巨大的系统工程。在教学过程中，不仅要重视精确、严密的自然科学基础内容的选择，以培养学生的逻辑思维能力，而且要重视对能反映自然、历史、人类、社会生活等方面多样的、动态的、多种可能性的内容的选择，以培养学生自由探索、大胆创新的能力；要积极为学生创造性学习创造气氛、提供条件；要使他们在大学生活中有机会接触到各种学术思想，特别是国内外学术大师和著名学者的研究经历和成果；要建立平等的、良好的师生关系，促进师生的交流与合作，让本科生参与到教师的科学研究中去。

基于对创新教育和素质教育的以上几点认识，我们在本科生中组织开展了科技活动。为了保证活动的顺利实施和健康发展，我们将其纳入了培养计划，至今已坚持了四年多，回顾和总结一下四年来这项活动的做法和收获，对制定新的培养计划，把创新教育和素质教育进一步引向纵深将会起到积极的作用。

一、将科技活动纳入培养计划，并作为教学组织中的重要一环

从 1996 级开始，我们以转变教育思想、更新教育观念为先导，调整人才

培养模式，提出了按专业大类招生和培养的方案；设置了“模块化”课程体系，以“宽基础、淡化专业界限、面向21世纪和面向社会主义市场经济”为原则，提出并实施了“5+3”分段式教学；保持优势，拓宽领域，设置了合理的柔性专业方向；在教学组织形式上，将传统的“课堂教学—实践教学”二元结构延伸为“课堂教学—实践教学—科技活动”三元结构，把科技活动作为其中的一个重要环节，在培养方案和教学中保证了科技活动的进行。

二、创造浓郁的学术氛围，开出高水平的学术讲座

重视学术交流是我们学院的一个传统。定期开出足够数量的、学生感兴趣的、高水平的学术讲座，是保证学术活动顺利进行的重要环节之一，也能给学生创造直接面对大师的机会。为此，我们每学期开始就将活动计划安排好，特别注重面向本科生的讲座内容、人员的选择。近四年来先后来我院作学术讲座的有院士等国内外著名学者多人，区域遍布亚、欧、美、大洋洲，他们有的学贯中外，在某一领域取得了重大的学术进展；有的精于本行，通晓生产第一线的种种问题。

我院经过长时期的学术积累中，形成了浓郁的学术氛围，学院师资力量雄厚，学科优势明显，并涌现出许多优秀的后备学科带头人。在开展学术活动的同时，我们充分利用了这些优势。在院党委的目标管理中，每位博士生导师、教授、后备学科带头人、青年骨干教师都要定期为本科生作学术报告，让学生及时了解本学科的理论前沿、最新动态，让学生在了解报告人的研究历程、思维方法过程中受到启发。与此同时，广泛开展学术交流活动，利用特邀、顺访、国际合作、国际交流等机会，不失时机地促成各种学术讲座的开展。例如，1999年，我们邀请南京大学博士生导师罗国煜教授为我院96级学生作关于岩土工程优势面理论的学术报告；2000年5月，邀请美国黄云祥博士为我院学生作了医学物理方面的报告；邀请澳大利亚骆循作微地震技术方面的学术报告。

三、面向全体学生，采用灵活的考核方式

进入21世纪，高等学校将面临前所未有的冲击，是固守一隅还是兼容并包，是以继承传统为主导还是以知识创新为先驱？总结历史，我们应当以更开放的姿态进行教育改革，向社会做更大程度的开放，向信息做更大程度的

开放，以“育人”为主体，面向全体学生，尊重他们的首创精神，在加强基础教育的基础上，提高教学内容的起点，以知识的质的提高平衡知识的量的激增；拓宽学科的面向，关注学科的前沿，扩大学生的眼界，提高学生驾驭知识的能力，充分发挥每位学生的个性，以激励学生的思维与创新。

既然科技活动是教学活动中的一个重要内容，就要对学生参加的情况和取得的成果进行考核。凡我院学生，在大学四年内要听满三十次讲座；我们采用了灵活的考核办法，考核内容由三部分组成：

（1）学术报告记录，由班主任和辅导员负责对所听学术报告次数、记录质量等进行评定，评分占总成绩的50%。

（2）学生参加第二课堂活动、科技发明、科技制作、撰写科技论文、读书报告等，由指导组负责考核，占总成绩的50%，总成绩按等级评定。

（3）凡在公开发行的学术刊物上发表论文，考核成绩可评定为优。

四、活动成效显著

经过四年的科技学术活动，96级绝大部分学生能够积极参加到活动中来。边学习、边思考、边实践，扩大了自己的知识面，开阔了眼界，重视理论联系实际，学习做学问、做人、做事，并经常加以实践，身体力行，去理解，去领悟。在此基础上，许多同学初步掌握了学术活动的基本要求，并取得了一定的成绩。例如：1999年，余志伟教授带领4位学生为某集团军开发设计了军事训练信息管理系统，经运行表明，该系统运行速度快，效率高，且安全可靠，符合部队实际，在上级组织的两次较大规模科技练兵成果观摩活动中得到总部、军区领导的好评。资环96-2班的张华恩连续参加《电脑爱好者》擂台赛，四次获优胜奖，两次获擂主称号；他还于1999年参加国际大学生数学建模比赛并获一等奖。资源开发与计算机应用专业方向的李国强潜心研究数据库技术，先后为中国矿业大学党委宣传部、徐州市第四人民医院等单位开发党建管理系统以及信息管理系统，并于1999年作为副主编编写《按实例学ACCESS2000》一书，由科学出版社正式出版发行。96级学生共写作科技论文100余篇，多项科技成果在校科技文化节中获奖。

五、进一步开展活动的思考

（1）悉心指导与从严要求相结合。在学生刚入学时，就采取多种形式宣传灌输一种热爱科学的思想，组织他们进行科技调查，指导他们在撰写论文过程中进行自我分析与互相评议。

（2）“引而不抱”与“因材施教”相结合。“引而不抱”就是要求指导工作建立在放手让学生独立实践的基础上，是指导与放手的统一，由于学生个体的差异性，我们在引的时候就要看对象，区别不同对象的不同特点、不同的长处与短处，实施具体指导。

（3）计划性与针对性相结合。为适应科技活动和科技论文撰写过程集中性与阶段性的特点，指导工作必须有计划、有步骤地进行，使整个活动过程具有明显的节奏感。各阶段的工作既要有重点又要有交叉，一切工作都要落到实处。

总之，作为一次新的尝试，这项活动在一定程度上激发了广大学生投身科技活动、撰写科技论文的积极性，使他们在以后的工作中能很快适应角色的转变，能够独立地思考问题，把静态的知识活化，增强自己解决实际问题的能力。与此同时，我们也注意到这项活动还有许多不成熟、不完善的地方，还需要进一步加以改进、补充。例如，应该进一步增加学术活动的学分；在开展学术讲座时区分层次（不同年级不同要求），对于高年级学生着重考虑与专业结合较为紧密的学术报告题目，而对于低年级学生，则主要侧重于进行科普教育；积极鼓励广大学生参加到教师的科研中去，实行学生科技立项。

相信，通过系统的锻炼，将进一步解放学生的思想，让他们驰骋于更大的自由空间；将从学生的思维天地中产生创造性的思维、求新求异的设想；将营造一种师生共同探究学术的浓厚风气；将不断激发广大学生的创新灵感与创作欲望。把大学生活逐步建成自由思维与争鸣的空间，必要的休闲之处，特殊心灵感应的场所。

基金项目：江苏省面向21世纪教改项目和中国矿业大学教改项目资助。

（原刊于《中国地质教育》，2001年第1期，第61-62、69页）

回忆我们班的专业课老师

隋旺华　孙亚军

一、序

中国矿业学院的水文地质工程地质专业是当时我国煤炭院校的第一个该类专业，水80班是第一个班级，也是中国矿业学院在徐州办学招收的第一届学生。当时我们专业招生30人，后来地80班的张中玉同学转到我们班，毕业时我们班31人。老师对学生的影响是深远的。毕业30年来，老师们讲课，答疑，指导实验、实习的身影历历在目。我们当时的专业课老师主要是来自我国著名的地质高等学府的，例如南京大学、北京地质学院、长春地质学院、同济大学等大学。点滴回忆，聊表对恩师们的感谢之情。

二、上课

我们的专业涉及水文地质和工程地质两个领域。由于是第一次招生，前两年的基础课和地质类的专业基础课基本上是按照地质专业的要求上的。教我们“普通地质学”的是许至平老师，王品超老师也给我们代了一段时间的课；教“晶体光学和矿物学”的是殷宗昌老师和陈昌荣老师，刘跃进老师是助教；教“构造地质学”的是赵福祯老师；教“古生物和地层学”的是何锡麟老师；教“测量学”的是顾秉彝老师；教“地质力学”的是谢仁海老师。他们给我们打下了比较好的地质基础。

“普通水文地质学”的授课老师章至洁毕业于南京大学水文地质工程地质专业。章老师讲课细致耐心，每一个概念、公式都在黑板上写得清清楚楚，一节课下来，要写满满的几个黑板。至今我的眼前还经常浮现出他微微驼背，一手板书一手拿着黑板擦的身影。

李义昌老师主讲的“地下水动力学”课程是学时较多的课程，我记得有110学时，用的教材是南京大学薛禹群教授的教材。因为该课程理论性强、数学公式较多，大家普遍感到比较难学。李老师在教学过程中根据课程特点进行改革，基础部分重点讲解，其余部分在我们自学的基础上，重点培养我们的动手能力和实践能力，比如流网绘制、抽水试验求参、配准等。这些内容在现在计算机充分利用的今天我们已经用得不多了。但是国际上至今并没有放弃这些传统内容的教学，还把这些作为培养学生思维能力和基本素质的重要内容。赵林老师从长春地质学院毕业后1982年分配到矿大，给我们助教“地下水动力学”。

胡国华老师毕业于长春地质学院，长期在江苏省第二水文地质大队工作，被称为徐州的“水龙王”，对徐州的水文地质研究深入。因为我们专业办学需求，胡老师调入当时的中国矿业学院。当时胡老师一家四口住在单工楼。胡老师给我们上的课是“专门水文地质学”的供水部分和“专业英语”。胡老师以他丰富的实践经验和对水文地质学的深刻理解，给我们留下了深刻的印象。胡老师非常重视对我们实践能力的培养，例如在讲供水水文地质勘查进行钻孔结构设计教学时，鼓励我们背诵勘探孔的系列孔径，类似这种训练使我们终身受益。另外，胡老师还根据自己的工作经验，为我们编写了实习指导书，带我们跑野外，讲解徐州弧与地下水的赋存。

“专门水文地质学”的矿水部分是沈文老师给我们讲的，陈江中老师1983年从南京大学毕业分配来校后助课。第一次课因为沈老师出差，是郑世书老师带的课，所以我们对郑老师的印象也很深刻。后来枣庄实习和毕业实习郑世书老师又带我们。沈老师在我们大四的时候又给我们开设了一门“注浆堵水”的专业选修课。因为当时没有教材，我记得沈老师写了满满一黑板课程的提纲。沈老师非常重视对我们思维方法和实践能力的培养，专门组织编写了《专门水文地质学参考资料》，汇集了我国主要大水矿区的水害防治实例，使我们在学习理论的同时增长了见识。

许惠德老师是同济大学水文地质工程地质专业毕业的，在云南设计部门工作多年，具有丰富的实际工作经验，给我们主讲“土质学与土力学”课程。姜振泉老师1982年从河北地质学院分配到矿大后，给许老师助教该课。我们当时普遍感到许老师现场经验丰富，理论联系实际，为我们的后续课程和实际工作打下了很好的基础。姜振泉老师主要带我们实验课和批改作业。我至今记忆犹新的是姜老师有一个本子，把每个思考题的答案都写得整整齐齐。姜老师来校后还担任我们班主任，直到我们毕业。“土质学与土力学”课程是我非常喜欢也是使我受益良多的课程之一。我从 1988 年开始给水 86 班主讲该课程，至今已经 20 多年。该课程 2006 年被评为江苏省一类精品课程，2009 年被评为国家级精品课程，2013 年入选国家级精品资源共享课程，目前已经在爱课程网站上线，成为我校第一门上线的精品资源共享课。这些成绩的取得，得益于许老师、姜老师等做的很多工作积累。当我向许老师表示感谢时，他谦虚地说：我只做了一些基础工作。许惠德老师还给我们开设了“赤平极射投影”课程。

狄乾生老师 1954 年毕业于南京大学后分配到北京矿业学院任教，是我国第一个水文地质工程地质专业的毕业生。狄老师主讲的“煤矿工程地质学”，是在我国首次讲授该课程。之后狄老师带领工程地质教研室的团队致力于建立中国的煤矿工程地质学科和课程体系，为后续我校工程地质学科的发展奠定了良好的基础。狄老师上课的特点鲜明，不是按照章节结构授课，而是每次课讲解一个煤矿工程地质的课题，通过几个典型实例归纳出每类工程所遇到的主要工程地质问题，然后逐一进行专业讲解，至今难忘。狄老师主编的《开采岩层移动工程地质研究》专著 1992 年由中国建筑工业出版社出版，成为目前煤矿工程地质领域影响较大的专著。1985 年狄老师又为研究生开设“煤矿井巷围岩稳定性工程地质分析”课程。

1994 年于双忠老师主编出版了我国第一部《煤矿工程地质学》本科生教材，该教材由著名的工程地质学家张倬元教授作序。

李志聃老师当时给我们上的“水文地质物探”课程。因为课程的学时相对较少，李老师对课程内容和教学方法进行了改革。李老师给我的印象是走路像小跑、做事干练麻利。葛宝堂老师是李老师的助课老师，也给我们讲了一些章节。

三、实习

我参加的第一次实习是地质认识实习，包括泰山、北京西山地区。当时沈老师带队，还有付树仁老师等，带我们组跑踏勘的是朱金科老师。当时我们住在门头沟，从北京站坐地铁到苹果园站后，再坐公共汽车。

第二次是南京湖山地质填图实习，当时住在湖山煤矿，带队的老师有陈昌荣老师、龙耀珍老师、庄寿强老师等。庄寿强老师带我们踏勘。庄寿强老师特别认真，带我们在船山灰岩中打蜓化石。他思维方法独特，善于积累。庄老师后来创立了“地质创造学”并在全国率先开设了创造学课程，产生了广泛的影响。

第三次实习是在枣庄十里泉发电厂周围进行水文地质填图。当时带队老师有郑世书、章至洁、郑伦素、赵林、王先雄、姜振泉等老师。这次实习我们已经能够独立地进行踏勘、剖面测绘和填绘水文地质图件。当时我们住在原枣庄粮食局的招待所，出野外坐大卡车先到目的地附近，然后再分组填图。记得有一次下起了瓢泼大雨，一辆敞篷大卡车来接我们回驻地，没有雨具，全班一起齐唱《勘探队员之歌》，嘹亮的歌声在雨中回荡，至今仍然回响在耳畔。

第四次实习就是毕业实习。我们班当时分了几个实习地点，大部分同学到了永城，我们组在权台矿附近的一个金岭矿做放水实验，后来又在狄老师指导下到微山湖边的马坡矿结合毕业论文内容实习。我当时的毕业论文是关于马坡矿风井红层膨胀崩解特性及建井方法。狄老师指导毕业论文注重过程指导，在确定了论文题目、实验计算、论文提纲、草稿、定稿各个阶段及时给予指导。后来，我负责教学管理和指导毕业设计（论文）时都沿用了过程管理的方法，对保障毕业设计和论文的质量起到了很好的作用。

四、结语

毕业 30 年来，我没有离开过教学岗位，也经历了多次的教育思想大讨论、多轮的教育教学改革，其中不乏课程体系、教学内容、教学方法、考试考核方法改革等，可是为什么高等教育人才培养质量不能很好地适应社会需求，甚至受到越来越多的诟病，为什么学生的实践能力和动手能力缺乏，做个纵向对比我们不难找到答案。北宋时期泰州中学的创立者胡瑗先生说：“致天下之治者在人才，成天下之才者在教化，职教化者在师儒……”尽管我们上学的时候，没有那么多的学科建设项目，没有那么多的专业建设项目，没有那么多的课程建设项目，但是教学和实习经费是充足的，能够按照教学计划上足学时，保质保量地完成实践教学等环节的要求，老师的精力在教学上，老师的心在学生身上。

（原刊于《八千里路云和月——纪念八〇级同学毕业三十年》，中国矿业大学出版社，2014年4月，第167-171页）

大学教师是什么？

隋旺华

各位青年教师同行，大家上午好！

从大学到博士，有的到博士后，大约有一半的学习生涯是在大学中度过，对大学教师这个群体并不陌生，在你们的人生道路上，肯定也会有一些终生难忘的恩师。今天，你们也光荣地成为这个群体的一员。你们已经在自己的学术领域建立起了一定的学术声誉，具备了独立从事科学研究的能力，可谓都是青年才俊，也必将成为开拓矿大更美好未来的生力军。但是，当职业生涯的帷幕在眼前正式拉开的时候，恕我冒昧问一句：面对“大学教师”这个职业身份，你准备好了吗？

今天，我想跟各位分享一下对大学教师职业精神的粗浅认识。题目是：大学教师是什么？

教育是今天的事业，明天的希望。大学教师不仅是一份体面的工作，更是一种光荣的事业。我们的工作，可能将影响一个人、一个家庭，甚至一代人的发展、一个国家的前途。还有比这更光荣、更重要的使命吗？

学生是学校的主体。有人说：中国的大学对不起学生。这话虽有点偏激，但是，作为大学教师，最应该对得起的就是我们的学生。“师者，所以传道授业解惑也。”大学教师更是承担着价值塑造、知识传承和能力培养的多重责任。大学老师，不仅要做学生学术上的导师，培养学生的实践能力、创新意识、团队精神和解决复杂问题的能力；还要做学生的人生导师，培养他们的社会责任感、独立的思想、优秀的品德和完善的人格；还要培养他们交流、交往的能力，帮助他们建立起社会联系、建立起自信与自尊；不仅要关心学生在校期间的成长，更关注他们今后发展。不仅教一时，更要爱一生。

人才培养是高等学校的四大职能之一，也是高等学校最重要的使命。教书育人是大学教师的首要职责，贯穿于在教学、科研和社会服务的全过程。在教学理念上，我们要坚持以产出为导向（就是华盛顿协议倡导的OBE的理念）的教育取向、以学生为中心的教育观念和持续改进的质量文化；在教学手段上，我们要不断创新教学手段，充分重视和利用互联网、慕课、翻转课堂等，改进教学效果；在教学方式上，我们要致力于培养社会需要的创新型人才，为学生提供创新性科学研究的平台和参与社会实践的机会。当然，这就要求我们身体力行、积极从事创新研究和社会服务。

大学教师是一个永无止境的事业，你选择了这个职业，可能一生都不会停止奋斗的脚步。季羡林先生有句座右铭："纵浪大化中，不喜亦不惧。"教师这个职业需要这样一份"不喜不惧"的坚守。青年同行们，在你们的职业生涯开始之际，我建议大家花点儿时间，再次思考一下自己的人生规划。你希望在35岁、45岁、55岁实现怎样的人生目标？在实际工作中，是否愿意通过长期的积累，把主讲的课程，建成校优、省优、国家级精品课程，从教学新秀，成为学校名师、省名师和国家名师；在科学研究上，是否愿意从青年基金开始、脚踏实地、一步一个脚印地向着优青、杰青的目标不懈努力。

所谓"不谋全局者，不足以谋一域；不谋万世者，不足以谋一时"。我认为，这一切并不是为了追名逐利，而是要为自己树立一个目标、坚守一种追求、打造一种挺拔的精神。

时光真的如白驹过隙，当人事处的老师让我代表老教师发言的时候，我意识到自己真的老了。想起1988年，我第一次参加全国工程地质大会，当时的青年人提出来说，"老先生应该成为年轻人成长的土壤，而不应该成为厚厚的覆盖层"，会场气氛曾一度紧张。南京大学的罗国煜教授巧用一副对联化解了尴尬："创业诚难今日勿忘前日德、立基非易先人只望后人贤。"

矿业大学百年的沧桑与辉煌告诉我们，我们是一个学术共同体和命运共同体。作为老教师，我们有责任，也有热情去关心和帮助青年教师的成长与发展。"落红不是无情物，化作春泥更护花。"愿我们老、中、青三代矿大人，都能发挥各自的特长和优势，为学校早日建成世界一流的矿业大学作出应有的贡献，为国家、社会培养出合格的建设者和接班人！

“云天收夏色，木叶动秋声。”在这收获的季节，衷心地希望你们在矿大这个大家庭里，收获自己的教学成果、学术成果、收获自己的人生幸福。

我的年轻的同行们，准备好了，就出发吧！

谢谢大家！

（2015年8月31日在中国矿业大学新教师入职仪式上代表老教师所作的发言）

研究生指导教师的学术责任

隋旺华

一、前言

被誉为文艺复兴艺术三杰之一的著名画家拉斐尔有一幅名画《雅典学院》，画中央众人烘托的是迄今世界上最伟大的一对师生：柏拉图和亚里士多德。正如有人所说："每个人天生不是柏拉图主义者，就是亚里士多德派。"亚里士多德在老师柏拉图身边生活了20多年，师生感情深厚，在学术思想上却激烈批评了恩师的"理念论"。"吾爱吾师，吾更爱真理"（Plato is dear to me, but dearer still is truth.）。这句话流行了2000多年，至今仍应成为师生关系的准则。唐代大文学家韩愈《师说》中的"弟子不必不如师，师不必贤于弟子"也阐明了师生关系。目前在中国学术界，"师道尊严"之风盛行，是一个很大的弊端。伏尔泰曾说："我不同意你的观点，但我要用生命来捍卫你表达观点的权利。"作为研究生导师，我们需要传授给下一代的核心思想是什么，不同老师会有不同的表达。例如，一位博导认为："学生是导师学术思想的延续，要通过培养人才，来传承自己的思想。"一位教师说："让生命和事业在学生身上延续。"这些都很对，但更重要的是要传承学术独立、思想自由的观点和学术责任。唐纳德·肯尼迪在其《学术责任》一书中指出："学生利益之所在，必须作为简单的指导原则。""教授们的首要工作就是培养学生的智力发展与独立性。"[1]

自由和责任从来就是对立统一的。学术自由意味着松散的结构和最低程度的干涉。"学术责任是一个人对学校应尽的义务，首先是对他的学生应尽的义务，这就意味着他在授课之前需要进行充分准备，并保持较高的学术水平；

这也意味着花时间帮助学生解决问题；这还意味着对那些可能对学生产生不公正影响的，带有派别意识的问题保持某种独立和超脱。实质上，这意味着全力支持学校的目标。”[1]即全力实现学生的培养目标和学校的人才培养目标。正如唐纳德所说，学术责任的本质是对提高下一代人的能力和智力负责。因此，作为研究生导师的学术责任就是要对促进研究生的“人的全面发展”负责。研究生导师的学术责任具体体现在教学、研究与创新、学术成果发表、学术交流、社会服务、指导和培养的全过程中。

二、指导教师的学术责任

（一）教学的责任

“师者，所以传道、授业、解惑也。”教师扮演着许多角色，包括知识的传播者、技能的传授者、思维的启发者、分析问题的向导和创造力的开发者等等。研究生的课程教学中普遍存在着“教什么？教多少？和如何评价学生”的问题。一般的培养方案中，可将研究生课程分为基础型、进展型及研究型三类课程。基础型课程的教学方法、手段一般延续本科生课程的通行做法。进展型课程则主要侧重于某一学科或学科方向的最新学术发展，一般由若干不同研究方向的教授共同完成。在教学内容的选择上应该侧重于选择近期召开的重要国际、国内学术会议报告、论文集、重要学术期刊、重要的项目研究进展等。此类课程的目标应该是为学生提供一个平台，通过教师的引导和学生自己的探索，熟悉同类研究的前沿，为后续的研究打下一个基础。研究型课程则侧重于让研究生在老师的指导下自由探索，可以采用调研、试验等手段，让学生探索知识的发现过程，并可采用课题型教学，把教学内容分成若干研究型课题，采用分组研究、相互交流等做法。研究型课程着重培养学生的学习能力、思维能力和创新意识。例如，我在2010年所担任的《地质工程进展》时，就将2010年召开的新西兰第十一届国际工程地质大会、苏州全国第二届工程地质高层论坛、长春全国探矿工程学术论坛等会议的最新进展介绍给学生，拓宽了学生的视野，使他们及时地了解了国际上有关工程地质与地质工程的热点和走向。

（二）研究与发现的责任

坚持研究是保持学术活力和教学水平的关键一环。“把原创性工作丢在脑后的教师，很快就会变成落伍的教师。”[1]在科学研究活动中，研究生是一支重要的研究力量，常常以助研（RA）的角色出现。从科研项目的来源看，人们习惯于将其分为纵向和横向。纵向项目主要来自国家、政府部门的资助，常以基础研究为主，包括基础和应用基础研究。而横向项目则主要来自企业赞助，以应用研究与技术创新为主。虽然高等学校教师承担着教学、科研和社会服务的功能，但从科学研究来讲，应该把更大的精力放在基础和应用基础等原创性工作上，这样才能不辜负社会公众的期望及政府等对于学校研究条件和环境的投入。因此，导师首先要凝练出稳定的研究方向、准确提炼科学问题，并根据条件进行分解，逐步深化自己的研究。就像徐志摩诗云“撑一支长篙，向青草更青处漫溯”，不断探索科学的奥秘。对企业的赞助项目要有所选择，研究目标和内容要能为自己的科学目标服务，即承担的横向研究要能够有助于通过研究逐步引导到理论研究的层次，通过深入研究能够深入到科学问题的提炼上。

科学研究过程中要培养研究生什么？培养科研的过程和技巧，诸如立项申请、选题、文献综述、试验、观测、分析和撰写报告等固然重要，但更重要的是培养他们的科学精神和思维方法。胡适先生曾提出“大胆假设，小心求证”的治学方法。20世纪60年代美国华盛顿大学教授肖公权先生提出在假设和求证之前还有一个“放眼看书”的阶段[2]。20世纪50年代台湾大学校长钱思亮曾对胡适先生说：“学理、工、农、医的人应该注重在上一句话‘大胆的假设’，因为他们都已比较好地养成了一种小心求证的态度和习惯了；至于学文史科学和社会科学的人，应该特别注重下一句话‘小心的求证’，因为他们没有养成求证的习惯。”[2]这些治学的论述，对于培养学生的科学方法都值得借鉴。著名的地理学家，冰川学奠基人阿伽西提出“研究自然，而不是书本”（Study nature，not books），开创了冰川学观测研究的先河。钱学森先生提出多元知识的大成综合（Meta-Synthesis）为工程科学研究者提供了一个强有力的思维武器[3]。王思敬院士利用大成综合思维提出工程地质大成思维方法[9]。

（三）学术成果发表的责任

学术成果的发表是科学研究的重要步骤之一。EI中国全权代表钟似璇先生曾说过，对于一个科学家的训练在他还没有学会发表学术成果之前就不算完成（The education of a scientist is not complete until the ability to publish has been established）。Robert A. Day强调了“科学研究的目的就是发表”[4]。另一方面，学术成果的发表也是目前各种学术评价体系的要求，职称晋升、岗位考核、申请学位等对于学术成果发表的刊物级别、影响因子、检索收录情况、被引用情况及论著数量都有质和量的要求。因此，导师和研究生们为了满足这些要求和规定，也在疲于发表论文。中国目前的状况，类似20世纪50年代美国教授的行规“Publish or perish”（要么出版，要么出局），最近连连出现的论文造假在国际学术界产生了恶劣的影响[5]。在学术成果发表方面除了写作、投稿方面的技能训练，更重要的是要教育研究生避免学术不端行为[6]。在论文写作与发表方面学术不端行为的主要表现有抄袭剽窃、一稿多投、重复发表、友情署名、不恰当地引用评审论文中的内容等等。作为导师为了避免研究生出现这类问题，要加强论文写作的科学训练，利用学术不端行为造成的恶果实例反复提醒。“不以规矩，无以成方圆”，研究生导师要严格加强对研究生的管理，要求研究生撰写论文、投稿、发表前及时向导师汇报和沟通。我的做法是采用制定工作计划和小结的方式，及时了解研究生的学术活动动态，及时指导和掌控研究生的学术行为。

（四）学术交流的责任

导师应该多为研究生参与学术交流提供机会。研究生的培养方案中，一般都对于研究生所应参加的学术报告和参加研讨的次数和学时进行了规定。除此之外，参与国内外学术会议也是很好的学术交流方式。我要求硕士生在学期间至少要参加一次国内本学科的学术会议，博士生至少要参加一次本学科的国际会议。研究生参加学术交流，可以领略本学科学术大师的风采，启迪学术思想，站在国内外学术平台，理性看待学术观点的交锋。在学术交流的过程中，要有意识地培养研究生学会表达观点、学会参与讨论、学会提出问题、学会交流思想。研究生在学术交流过程中还可以领略国内外学术大师的为学之道和严谨的学风。

（五）指导与培养的责任

唐纳德在其《学术责任》中指出，培养学生的智力发展与独立性是教授们的特殊义务和首要工作。如果他们太固执于把学生导入恰恰是教授自己的利益、兴趣所在的范围，或者利用学生从事例行性的常规化辅助劳动，而不是让学生们做他们本人的创造性工作，更有甚者，如若教授们扣留或不公正共享由学生们做出的成果，那么，他们在自己的首要工作上乃是失败失职的[1]。

导师的指导不仅局限于选课、选题、论文写作与发表、独立研究，还会涉及就业指导、人文关怀等多个方面。很多高校中开展的研究生“三助”工作（助教、助研、助管）制度，为提高研究生的教学、研究和管理能力提供了一个很好的平台，将成为研究生培养的重要环节。

（六）服务责任

社会服务是高校的重要职能之一，要求高校教师走出围墙。研究生导师的社会服务种类繁多，包括咨询、评审、鉴定、验收，甚至参政议政等。研究生导师对社会服务工作应该有所选择，量力而行，否则会不堪重负，疲于应付，淡化和影响教学和科学研究工作。社会服务中，特别是项目评审、鉴定过程中要注意做到客观公正，尽量不受各种利益的驱动与影响。对别人的成果要做到恰当应用，避免发生学术纠纷。

三、其他

对于研究生指导教师，特别是年轻的导师，我有三点建议：一是立足全局，规划长远；有一个全面人生和学术的规划，所谓不谋全局者不足以谋一域，不谋万世者不足以谋一时。二是分清轻重缓急，要事优先。在繁重的教学、科研工作中，要重新审视一下自己的做事习惯，参考以下做事顺序[7]：一是重要且紧迫的事；二是重要但不紧迫的事；三是紧迫但不重要的事；四是不紧迫也不重要的事。将自己的主要精力放在重要且紧迫的事情上。三是文武之道，一张一弛。鲍威尔[8]博士对被生活工作压力压得喘不过气来的现代人疾呼：坐下来晒晒太阳吧！放松，休息是一个恢复精力，增强自我能力的过程。不要以为自己是以肩顶天的巨神阿特拉斯。我们常说身体是革命的本钱，没有健康的体魄怎能应对艰苦的创造性工作。

四、结语

很多优秀的学者都加入到研究生导师的行列中，大家不仅要做称职的导师，培养出更多的优秀人才，而且要在培养学生的过程中，教学、科研、学科建设的过程中，与学生共同成长，提升自身的学术水平，像《雅典学院》描绘的那样，造就一个大师辈出、学术繁荣的年代。

致谢：本文是作者2010年11月20日在中国矿业大学新增研究生导师培训暨经验交流会上的发言，感谢时任研究生院常务副院长卞正富教授提供交流的机会。也感谢学报编辑部的薛毅教授及时指出其中的谬误。感谢高岳在文字编辑中的帮助。

◎ 参考文献

[1] Donald Kennedy. Academic duty [M]. Harvard University Press, 1993; 唐纳德·肯尼迪. 学术责任 [M]. 阎凤桥等，译. 北京：新华出版社，2002.

[2] 丁晓山. 海外学者对“大胆假设小心求证”的不同意见 [N]. 中华读书报，2004-03-14.

[3] 钱学敏. 钱学森关于复杂系统与大成智慧的探索 [J]. 北京联合大学学报(自然科学版)，2006，20 (4)：5-11.

[4] Robert A. Day, Barbara Gastel. How to write and publish a scientific paper [M]. Greenwood Press, 2006.

[5] Jane Qiu. Publish or perish in China [J]. Nature, 2010：142-143.

[6] 王阳，王希艳. 论美国科学不端行为定义演变的几个趋向 [J]. 科学与研究，2008 (2)：225-260.

[7] 刘玉瑛. 落实要讲方法 [M]. 北京：新华出版社，2007.

[8] 吉迪恩·鲍威尔. 成功的阶梯 [M]. 刘晨，译. 北京：兵器工业出版社，2001.

[9] 王思敬. 工程地质的大成综合理论 [J]. 工程地质学报，2011，19 (1)：1-5.

◎ **附新闻报道：**

2010年新增研究生导师培训暨经验交流会召开

11月20日下午，2010年中国矿业大学新增研究生导师培训暨经验交流会在文昌校区学术交流中心召开。会议邀请省学位办主任杨晓江教授出席并作报告，全校200多名研究生导师参加了会议。研究生院副院长、研究生培养管理处处长卞正富主持会议。

会上，杨晓江教授作了以《江苏高层次创新型人才培养的思考与实践》为题的报告，他从学科平台建设、研究生培养模式改革、研究生培养质量体系构建三个方面深入探讨了江苏高层次创新型人才培养工作。资源学院隋旺华教授和力建学院茅献彪教授分别以“研究生指导教师的学术责任”和“关于如何指导研究生的几点体会”为题介绍了自己指导研究生的经验。

本次培训的目的是使新增研究生指导教师了解我校研究生培养过程中各个环节的要求和规定，明确导师职责，提升导师教书育人能力，更好地发挥导师在研究生教育中的作用，构建与研究型大学相适应的研究生导师队伍，促进研究生教育事业健康发展。

“地质工程专业主干课程群国家级教学团队”的建设与实践

曾　勇　隋旺华　董守华　刘树才
王文峰　董青红　陈同俊　姚晓娟

根据《教育部关于进一步深化本科教学改革全面提高教学质量的若干意见》（教高〔2007〕2号）的要求，教学团队是教育部质量工程建设的一项重要内容。中国矿业大学“地质工程专业主干课程群教学团队”2009年被批准立项国家级教学团队建设以来，我们按照高等学校本科教学质量与改革工程国家级教学团队建设的要求，进一步更新教育理念，巩固已取得的成果，在团队运行机制的建设、教学改革、提高教学水平和教学质量等方面做了一些工作，取得了一些阶段性成果。

“地质工程专业主干课程群教学团队”承担地质工程专业的专业基础课群，是为地质工程专业后续专业课程学习服务的团队。我校的地质工程专业具有明显的煤炭行业特色，是以煤炭资源勘查为主体，并有效地拓展到煤层气地质、油气地质、煤炭资源开发地质保障系统、矿山地质灾害及其环境效应等领域的专业。因此，本课程群具有很强的理论性和实践性，必须不断地研究和实践，才能出色完成时代赋予的培养学生实践能力、创新意识、创新能力的历史使命。

中国矿业大学一贯坚持重视本科教学的办学宗旨，十分重视教学团队的建设工作，为团队建设提供配套经费，并在相关政策上提供保障。其资源与地球科学学院也在人力、物力等方面优先支持教学团队的建设。“地质工程专业主干课程群教学团队”被批准立项建设以来，在多方面开展了教学团队的建设工作，并取得一些成效与体会。

一、团队建设

（一）发展与优化团队结构

一是对专业结构进行优化。本团队由地质工程专业资源勘查工程、岩土工程、应用地球物理3个方向的主干课程组成，其中岩土工程方向仅有1人，为了优化团队的专业结构，团队增加了1名岩土工程方向的青年骨干教师，使人员专业结构更为完善。

二是进一步加强梯队建设。增加1名青年骨干教师后，团队成员中35岁以下的青年教师的比例从28.6%提高到37.5%，并争取在近期内再选择1名青年教师进入教学团队。同时，我们对团队中的青年教师制定了培养目标，即团队的3名教授分别对3名青年教师进行一对一培养，带动科研，指导教学，为年轻人创造条件，争取使他们中1人进入国家有关人才培养计划，1人在2010年提副教授，1人在2011年提教授。

（二）团队的运行机制的建立

为保证团队工作能和谐、高效、顺利地开展，实现团队的建设目标，我们制定了教学团队的运行机制及管理制度。

（1）进一步明确团队建设的指导思想和发展目标。团队建设的指导思想是以国家教育质量工程为契机，以科学发展观为指针，认真学习有关理论政策，树立先进的教育教学理念，认真指导团队的教学改革和队伍建设。以教学改革为动力、以师资培养为核心，提高团队的整体教学、科研水平，在近年内达到本领域国内领先水平。

我们的发展目标是以教育思想、教育观念的改革和创新为先导，以前期教学改革成果为基础，以教学改革和科学研究为载体，通过教学团队合作互补的机制，改革和改进教学内容和方法，开发教学资源，促进教学研讨和经验交流，弘扬教学工作老中青相结合的传帮带精神，提高教师的教学水平。在确保教学质量不断提高的前提下，适当扩充团队人员，尤其要吸收青年教师，以满足专业发展建设的需要。

（2）以教学改革为动力，深化教学团队内涵建设。

①改革课程内容。

2009 年 12 月，为迎接新学期的来临，团队所有任课成员，以本课程为对象，加强课程内容的研究和改革工作。要求大家积极收集国内外同类课程的相关资料，认真分析、对比，取长补短，充实与完善本课程的教学内容，并为今后课程教材的重新编写打下较扎实的基础。

②教材建设落实到人。

教材建设是本团队的重要任务之一。为了争取在“十二五”期间对大部分主干基础课程教材进行重编更新，团队已做了较详细的年度计划，并开始实施。2010 年，重编更新《煤田地球物理测井原理》《岩石学实验指导书》《矿物学与偏光显微技术实验指导书》教材。

2011 年，重编更新《土质学与土力学》（国家精品课程）《古生物地层学》《岩土工程数值分析》《煤田岩性 P 波勘探方法与技术》（教学参考书）《煤洁净过程中有害元素与矿物的分配规律》教材。

2012 年，重编更新《弹性波动力学》《地球物理学导论》教材。

③重视教学研究与教学方法。

2009 年年底，团队要求每一个在新学期有授课任务的团队教师重视各教学环节，认真备课，讲好每一节课。大力改革教学方法，充实和更新多媒体课件，使课件更科学、更合理。教学过程中要有互动式、启发式的教学方法，强调教会学生学习方法和逻辑思维分析方法。

同时要求团队成员在本身业务范围内积极争取申报各类各级教学改革项目。规定每月第一周的星期三下午为定期的教学研究活动时间，以便交流教学心得，及时解决出现的教学问题，提高教学效果。

④进一步加强实践基地和实验课的建设。

实践是工科地质类课程不可缺少的一个重要教学环节，也是培养师资、提高业务水平的一个重要手段。团队将进一步扩展认识实习基地。例如，在现有的徐州认识实习基地的基础上，与相关单位积极联系，建立起本科生实习基地，目前已在山东、江苏、河南、安徽、河北等省 9 家地球物理勘探单位正式挂牌，同时还与福州华虹公司（从事物探仪器生产）进行了联系，谋求进一步扩展基地数量，为本科生能力培养搭建一个良好的实践平台。

同时，在教育部专项“地球物理学专业物探实验室建设”经费 165 万元下达后，积极组织力量进行调研，目前已经完成了物探仪器设备的购置和调试工作，为改善与扩增本科实验课提供了保证。

⑤建立团队导师制和教学督导制。

在对青年教师培训上岗后，导师应对青年教师的教学、教改、科研进行指导，以检查、督促、帮助、评定青年教师的教学工作。团队建立了一对一的导师负责制，并做了具体安排。

⑥实行团队带头人负责制，制定团队相关的规章制度。

自从开始团队建设以来，团队带头人负责制就得以确定。团队负责人多次组织团队教师学习有关文件，认真讨论团队的运行机制，制定了教学改革的定期目标及长短期教师培养规划，制订适用于内部管理的质量保障监控体系及职业道德规范。建立了团队内部的奖励机制，对在教学、教学改革、教学研究中取得较大成果的教师给予一定教改经费的资助和奖励。同时，自觉接受学院和学校的监督和检查，定期向有关部门汇报团队的运作情况，及时向学校或学院反映情况和困难，争取得到学校或学院各方面的支持。

二、取得的成效

（一）团队的教学、科研水平得到提高

多年来，围绕着培养具有实践能力、创新思维和创新能力的高素质人才，我们以国家特色专业“地质工程”“211 工程”，国家级精品课程建设等项目为平台，全面进行了课程体系、教学内容、教学方法、教学模式等方面的改革，取得了较大成果：

（1）团队建设以来的教学科研获奖情况：

获国家精品课程一项、江苏省精品教材奖一项，获江苏省高等教育教学成果二等奖一项、中国高等教育学会第七次优秀高等教育研究成果奖一项、第九届高等教育科学研究优秀成果三等奖两项，获河南省国土资源厅科技进步二等奖一项，获 2010 年全国优秀博士学位论文奖一项，一人获 2010 年全国煤炭青年科技奖，一名援疆教师获新疆大学 2009 年教学竞赛一等奖。

今后要进一步加强教学改革与研究工作以及教改论文的撰写与发表。重点围绕主干课程教学内容的优化、实验课改革与深化、多媒体教学法的提高

与优化等专题进行，争取取得更好的成果。同时，要加强科研成果向教学的转化过程，在科研过程中不断地总结新知识、新技术、新方法，充实、更新教学内容，提升教学内容的科技性、前沿性。团队成员十分重视将科研成果及基本理论和案例，纳入讲课内容或写进“十二五”规划教材。此外，要求2010年的毕业生所做的毕业论文和设计题目全部与当年的科研项目密切结合，同学们在各自的研究领域方面能得到实战训练。

（2）教学水平的提高：

在教学工作中，以四个“坚持”为准则，认真教学，不断地提高教学质量。

①坚持教学与科研相结合，教学研究与教学实践相结合的机制，在教学改革、教学研究的实施与教学实践中提高团队的教学水平和教学质量。

②坚持教授给本科生授课制度，所有团队成员都要给本科生讲课，教授面向本科生授课时间不少于32学时。

③坚持教授对年轻教师的指导制度，采用以老带新、集体研讨、个别指导的方法培养年轻教师，在教学实践中与他们交流，对他们给予指导，使他们迅速成长。

④坚持师生联系制度，每周都有固定的答疑时间，以便随时了解教学情况和学生反映，及时解决教学中存在的问题。

（二）团队的影响辐射能力得到提升

（1）教学改革成果应用推广：

教学改革成果首先在本专业、本院进行推广，然后在本校宣传和推广。同时，通过全国地质教育会议或相关杂志向地质类相关院校系作介绍、宣传。团队将积极参加高校各类型的研讨会，采用会议报告、论文发表、成果推广应用等多种形式向全国高校辐射教学成果。

（2）为兄弟院校培训师资：

为兄弟院校培训教师是多年来我院坚持的一项工作，并建立了良好的教师进修学习的运作机制。团队在教学研究、教学实践、实验室建设、教材建设、教学网站建设等教学研究和教学实践活动中对他们给予悉心的指导和培养，使他们学成后在相关高校人才培养中发挥重要的作用。计划在3年内为新疆大学地质与勘查工程学院培训青年教师2~4名，并随时接受兄弟院校的青年教师进修。

三、经验与体会

（一）政策是团队建设的保障

教学团队如果得不到学校的政策保障和基本资源，就不可能完成团队的建设目标，也无法发挥团队的示范作用。要把教学团队建设纳入学校教育教学改革的整体规划中，制定科学合理的政策制度，为团队创建提供政策支持和条件保障，才能使教学团队的建设工作进入和谐、高效、顺利的良性循环。

（二）组织落实、队伍健全是团队建设的基础

教学团队是围绕教学展开的，团队成员应该是教学第一线的教师，具有丰富的教学实践经验，这是教学团队建设工作的基本思路和价值取向。团队成员是教学团队的主体，每个教师都有其自身的专长和知识结构，有自己在团队中的位置、权利及承担的任务。教学团队成员必须老中青相结合，在知识、能力、年龄、职称上有较强的互补性，既要有利于资源共享和业务能力的共同提高，也要能通过老中青相结合促进教学工作的“传帮带”作用。本教学团队是一个在长期的教学科研生产实践过程中自然形成的群体，经历了培育、积累和完善的过程，有着悠久的历史积淀与传承。师资队伍在年龄、学位、职称构成上比较合理，在老教师的“传帮带”影响下，团队教师教学水平和学术水平提高很快，普遍具备团结协作、艰苦奋斗、朝气向上的优良精神，国家教学团队建设的批准，使团队更具凝聚力、更具活力和创新精神。

（三）优势学科是团队建设的保证

本教学团队依托国家重点学科“矿产普查与勘探”和“地质资源与地质工程”一级博士点学科，具有非常好的科研基础，在国内具有良好的声誉。“973”课题、国家自然科学基金重大项目、国家重点实验室基金项目等一系列课题，为团队的建设提供了优质的软硬件环境。而团队成员是学科建设的主力军，团队的成果是学科建设的成就。优势学科是团队建设的保证，团队

建设是学科建设的基础，二者互为依托。

◎ 参考文献

[1] 赵鹏大．质量是高等教育发展的生命线 [J]．中国地质教育，2007 (4)：8-12.

[2] 李漫．高等院校优秀教学团队的构建模式研究 [J]．科教文汇，2008 (8) (中旬刊)：2-3.

（原刊于《中国地质教育》2010 年第 4 期，第 15-18 页）

改革创新　博学笃志

——记首届国家级高校教学名师曾勇教授

中国矿业大学资源与地球科学学院

曾勇教授是中国矿业大学资源与地球科学学院博士生导师，国务院政府特殊津贴获得者。生于1943年8月，籍贯江西省南城县。1963年毕业于江西南昌五中，同年9月考入北京矿业学院地质系。1968年毕业，分配在吉林省舒兰矿务局，1975年调入江西省英岗岭矿务局，先后担任测量、地质技术员、地质主管技术员，在煤矿从事矿井地质工作12年。1979年被中国矿业学院北京研究生部录取为硕士研究生，研究方向为含煤地层古生物。1981年毕业后留中国矿业大学徐州校本部任教至今。其中，于1987年至1989年在波兰华沙大学基础地质研究所以访问学者身份学习稳定同位素地层学。

曾勇教授自1981年研究生毕业留校任教至今，一直坚持在教学科研第一线，每年坚持承担本科生、研究生的教学任务，即使在担任学院领导职务期间，教学任务也从未间断，坚持行政工作和科研教学双肩挑，正确处理行政工作和业务工作的关系及教学工作与科研工作的关系，经过多年的努力，取得了丰硕的成果。

曾勇教授为人师表，教学中备课充分，精通教学内容，重点突出，并能做到与时俱进，坚持创新。他曾先后担任教研室主任、学院教学副院长、常务副院长兼党总支书记、院长等职，现担任中国古生物学会常务理事、江苏省古生物学会副理事长、教育部高校地矿学科教学指导委员会地质工程专业教学指导分委员会委员、中国地质学会地质教育研究分会常委、煤炭高校教材编审委员会委员、《中国地质教育》副主编、《煤田地质与地质勘探》编委、中国煤炭学会瓦斯地质专业委员会副主任等职。曾于1989年、1991年、

2002年获得煤炭系统部级科技进步三等奖3项；于1992年获江苏省优秀图书二等奖、国家教委学术专著二等奖共2项；于1997年、2001年获江苏省教学成果一等奖、特等奖各1项，国家级教学成果二等奖、一等奖各1项；并于2003年获首届国家级高等学校教学名师奖。

一、坚持教学改革，带动学院发展

曾勇教授在1989年底从波兰华沙大学基础地质研究所进修回国后不久，便担任了原地质系教学副系主任。对待全系的教学工作，他认真负责，健全了全系的教学档案，狠抓本科教学质量，在全系教职工的共同努力下，教学工作开展得有声有色，每年在全校的教学评估中均获优秀，并于1994年被评为学校教学管理优秀系（院）。

20世纪80年代是全球性的地质科学大变革的时期。由于科学技术和社会经济的迅速发展，地质科学已从过去的资源勘察型，向社会地质、环境地质方向转移。面对21世纪资源、人口、环境、灾害等世界性的问题，美国成立了由150多名专家学者组成的“固体地球科学的现状和研究目的委员会”，经过3年的研究、评价，于1991年提出了“地球系统科学”的新概念，明确指出：我们已进入固体地球科学的一个关键时期，许多专业团体正把他们的研究重点从勘探资源转移到全球规模和区域范围的环境和社会问题上来。同时，我国正处在社会主义市场经济大改革的高潮之中，我国各部门团体企业过多的地质勘探队纷纷转产或下岗，许多大学停办了地质专业或限招学生，专业教师纷纷转行，地质行业不景气的现象一时笼罩全国。作为煤炭地质行业最高学府的中国矿业大学将怎么办？为适应21世纪对地学人才的新要求，只有从改革中求生存，从改革中求发展。1993年，作为负责人，曾勇教授主持了中国地质教育协会和煤炭部科技教育司的“八五”重点研究课题《中国地质教育现状及规划研究——煤炭部属高等地质教育现状及改革发展趋势》，对我国煤炭高等地质教育的现状和基本情况做了广泛的调查，分析了当时煤炭地质教育改革中存在的若干问题，提出了改革和发展煤炭地质高等教育的若干对策。这一研究成果，对当时稳定煤炭地质教育起到了积极的作用，也为下一步的深入改革打下了较好的基础。

1994年，学校开始了校院系三级管理体制的改革，地质系何去何从又一次被摆在各种矛盾的焦点上。在转变教育观念和教育思想的基础上。曾勇教授提出了"5+3"分段式教育体系改革模式，制定了按地质资源与地质工程大类招生的培养方案。同时将地质系原先的四个老专业合并为一个专业，在该专业下设置了合理的弹性专业方向和模块化的课程体系，并对学院管理体制进行了配套改革。这一改革思路得到了校领导的大力支持，在学校体制改革中，地质系率先成立了资源与环境科学学院，成为当时三个试点学院之一，走在了学校教学改革的前面，并在有关兄弟院校产生了极大的反响。这一改革经历了八年的实践和完善，逐步形成了一个多方面相互配合的综合教学改革成果，该成果获2001年国家级教学成果一等奖，曾勇教授作为该项改革的主持人和获奖者出席了在人民大会堂召开的颁奖大会，并受到了李岚清副总理等国家和教育部领导人的亲切接见。

曾勇教授先后承担了中国地质教育协会、煤炭部、江苏省教委教育改革重点项目3项、一般项目1项，校级教改项目3项。几年来出版统编教材3部，发表教学改革论文30篇。

二、抓好学科建设，提升学院的知名度

多年来，曾勇教授在学院的学科建设中做了大量的工作。他自从主持学科建设工作以来，就清醒地认识到，对于当时在全球不景气的地质学科来说，要想生存发展，要想在社会主义市场经济大发展的形势下在学校或在社会中站稳脚跟，必须首先抓住学科建设不放。十几年来，在曾勇教授的主持下，全院各学科教职工都认识到这一工作的重要性，在保证教学工作的基础上，全力为学科建设服务、作贡献。曾勇教授以身作则，克服各种困难，亲自组织材料、撰写报告，并做好组织协调工作。经全体教职工的共同努力，资源与地球科学学院从当年1个二级学科博士点、3个硕士点、发展到今天1个一级学科博士点、5个二级学科博士点、11个硕士点，还有3个二级学科国家"长江学者"特聘教授岗位、1个博士后科研流动站，而且学科覆盖面从原先仅有的1个一级工科学科和1个一级理科学科，发展到现在的2个一级工科学科、3个一级理科学科，并且地球化学博士点的获得实现了我校理科博士点零的突破，为学校的发展作出了贡献。

三、坚持科学研究，治学态度严谨

曾勇教授作为国家级重点学科"矿产普查与勘探"的学科带头人之一，

在全院学科建设和科研工作中发挥了重要的作用；同时作为“211 工程”“九五”和“十五”国家重点建设项目“煤田地质与勘察”“煤炭资源勘察与开发地质”的负责人，在学校“211 工程”建设中起到了积极的作用。他多年来主持和参加了中美合作、国家自然科学基金、国家计委、国家重点实验室、煤炭科学基金及企业单位的科研项目 22 项，出版科技著作 5 部、译著 1 部，发表科技论文 70 多篇。荣获教育部级科技进步奖三等奖 3 项，省部级学术专著优秀奖、二等奖各 1 项。

曾勇教授在承担了繁重的教学任务和行政工作的同时，始终坚持科学研究，并以严谨的治学态度、精益求精的精神，得到了合作者和同行的信任和好评。同时，科学研究的许多成果也充实了教学内容，不但提高了自身的业务水平，也促进了教学质量的提高。

四、优先更新教学内容，不断提高教学质量

自从 1981 年研究生毕业留校任教后，曾勇教授一直工作在本科教学第一线，从教授第一门课程“古生物学”开始，他就十分注意备课质量，在吃透课程教学大纲的基础上，认真分析和研究了课程内容，重点难点做到心中有数。他同时结合有关章节，查阅了大量的科技文献杂志，并结合自己的科研成果把当前该学科的热点问题、前沿问题以及与教学内容有密切联系的趣闻轶事都列在备课纸的附栏中，充实了教学内容，提高了教学中的科技含量，从而提高了学生的学习兴趣和教学质量，同时也培养了学生的专业兴趣。

为此，早在 1993 年曾勇教授主持的“实例教学法在教学实践中的初步应用”项目就获得了中国矿业大学优秀教学成果三等奖。

为适应现代化教学的新形势，曾勇教授积极开发多媒体教学课件，并将该学科的最新成果收入课件，大大增加了课堂上讲授的信息量。

在教学工作，曾勇教授投入了大量的心血，为了提高教学质量，他潜心研究教学方法，探究学生学习的心理状态，并在课堂上有针对性地解决学生的有关思想情绪，取得较好成果。

五、教书育人，为人师表

曾勇教授十分重视青年学生的思想政治、专业思想教育工作，在课堂上，经常结合课程内容向同学们进行爱国主义、专业思想教育工作。他在课堂上

不是采用说教的方式，而是结合教学内容，结合某一特殊科研事迹、工程案例，在讲授中采用潜移默化的方式对学生进行教育，一方面提高了学生的学习兴趣，另一方面使学生在无形中增强了职业的自豪感和责任心，使学生在内心深处对地质专业有更正确、更理智的认识，从而激发起自觉刻苦学习的热情。

曾勇教授对青年教师也是大力扶持，只要他们崭露头角，曾勇教授作为院长总是给予支持、推荐，从不压制打击，在这方面青年教师对他的信任和赞扬是众口皆碑的。长期以来，在他的支持下，资源与地球科学学院有一大批中青年教师脱颖而出，有的成为各级学科的学术带头人、省部级跨世纪拔尖人才，有的成为学校的处级单位负责人，他们为学院、也为学校的发展作出了贡献，同时为学院和学校争得了众多的荣誉。

二十多年来，曾勇教授一直辛勤耕耘在教学科研第一线，培养了一批批优秀人才。他的学生分布在全国各地，有的成为科研骨干，有的成为企业中坚，有的成为高校的学科带头人，有的成为党政优秀干部，真可谓桃李满天下！

展望未来，再创辉煌。祝曾勇教授为社会主义建设事业、为高等教育事业作出更大的贡献！

[**编者按**] 百年大计，教育为本。教育大计，教师为本。2003年，国家颁发了首届国家级高等学校教学名师奖，中国矿业大学曾勇教授荣获该奖。本刊特刊发中国矿业大学资源与地球科学学院撰写的“改革创新，博学笃志”的文章，简要介绍曾勇教授忠诚党的教育事业，教书育人的事迹。

（原刊于《中国地质教育》2004年第4期，第44-46页）

润物无声育桃李　上下求索探真知

——记第五届黄汲清青年地质科学技术奖教师奖获得者隋旺华教授

刘　静

隋旺华教授，九三学社社员，中国矿业大学资源与地球科学学院的院长，博士生导师，国家注册土木工程师（岩土），兼任国际工程地质与环境学会、中国地质学会工程地质专委会、教育部地矿教学指导委员会地质工程分委员会等组织的委员，是《工程地质学报》《水文地质工程地质》《煤田地质与勘探》《高校地质学报》《中国矿业大学学报》（中、英文版）等学术杂志的编委，获得省部级科技成果奖励9项，出版专著5部、规划教材1部，并且是国家级教学成果一等奖、国家级精品课程、江苏省一类精品课程等荣誉的获得者，2004年入选教育部新世纪优秀人才支持计划，2006年获得国务院政府特殊津贴，2010年获得第五届黄汲清青年地质科学技术奖教师奖，2011年荣获“第六届江苏省高等学校教学名师奖”。而他常说，自己只是一名普普通通的大学教师，一名普普通通的地质工作者。

一、教学科研皆树人，润物无声育桃李

“大爱”不但体现为对学生的关怀和爱护，同时也体现为对学生的严格要求和规范管理[1]。从1995年起，隋旺华教授先后主持和参加了地质资源与地质工程类专业的多项教学改革研究和实践项目，并取得成效。“面向21世纪的地质资源与地质工程类专业教学体系改革与实践”在教育教学改革方面迈出了重大步伐，在全国地矿类院校（系）产生较大影响[1-2]，并于2001年获得国家级教学成果一等奖和江苏省教学成果特等奖。近10年来，隋老师组织

教学团队建立了以课题研究型教学为导向的核心课程体系和以研究型实习和从业教育为特色的实践教学体系，使学生直接受益，积累的教学和管理经验在对口支援的新疆大学有关专业得以充分应用，教学方法和教学效果得到认可和好评。

三尺讲台，并不算高，需要无私的汗水来浇筑。在过去的25年里，隋老师一直工作在本科生和研究生教学第一线，讲授课程60余门次，累计2300多学时。在保证教学工作量的同时，他更重视教学质量的提升，不断更新教学内容，改革教学手段，例如他多年坚持讲授本科生核心课程“土质学与土力学”，以课堂教学为主要载体，潜心探索培养研究型和创新型人才的科学方法与先进模式。除课堂教学外，他还积极加强实践教学，增加教学投入，利用实验教学、工程实例教学、大学生科研训练计划等平台培养学生的实践能力、创新能力。此外，他积极改革学习效果评价方式，注重对学习过程的管理。在研究生教学方面，隋老师将研究生课程分为基础性课程、进展型课程及研究型课程，不同类型的课程采取不同的教学方式。在研究生的课堂上，常常可以看到他坐在讲台下认真听“小专家们”做报告，让学生们享受着“亦师亦友”般包容、平等而愉悦的师生关系。经过20多年的探索、沉淀和发展，“土质学与土力学”课程于2006年被评为江苏省一类精品课程、2009年被评为国家级精品课程。二十五年如一日，日日平凡，但留在身后的足迹却显得意味深长，2011年，隋老师荣获了“第六届江苏省高等学校教学名师奖”。

“作为研究生导师的学术责任就是要为促进研究生的‘人的全面发展’负责”，这是隋老师多年以来坚持的观点。在研究能力培养方面，隋老师常常在自己承担的课题之中凝练出稳定的研究方向、提炼出准确的科学问题，让学生来尝试完成，培养他们立项申请、文献综述、试验观测、数据分析和撰写报告等科研能力，同时侧重于培养他们的科学精神、理性思维和“大胆假设，小心求证”的治学方法。他以制定工作计划和撰写小结的方式详细了解研究生的学术活动状态，及时指导他们的学术行为，对学生不能参加的国际和国内学术活动，他每次参会后都会做专门报告，将最新进展介绍给学生们，让他们在第一时间掌握国际和国内有关工程地质与地质工程的热点和走向。

“传道，授业，解惑”六个字看起来如此简单，但简单的线条勾勒出的实质却是深邃而庞大的。隋老师作为一名研究生导师严格履行着对学生的学术责任，而他做到的却远远超越于学术责任。学术上他是一位严师，而学术之外他像亲人、像朋友，关怀学生的点点滴滴。他生活俭朴，为人随和，言谈幽默，尊重学生，给予他们自由空间。人们常说“师傅领进门，修行在个人”，隋老师把我们领进门，不仅给我们成长的空间，同时也给我们生活上无微不至的关怀。从入学时的住宿问题，到毕业时的就业问题，再到毕业后的职业规划，他都事无巨细地关怀和指引我们，已经毕业参加工作的2007级硕士生湛铠瑜这样说：“随和的外表让人觉得隋老师如此平凡，但他更像一盏明亮而不刺眼的灯，默默照亮着我们前方的路。”

隋老师迄今已指导博士后研究人员5人、博士生10人、硕士生32人。他指导的2篇硕士论文获选为“江苏省优秀硕士学位论文”，1篇论文获得“江苏省优秀博士学位论文”，而他也被评为“江苏省优秀研究生指导教师”。

二、致力矿山地质研究，为开采光明安全护航

一名优秀的大学教授不仅仅是一个优秀的“教书匠”，同时也肩负着庄严的行业使命和社会责任。保障矿山安全开采一直是矿大人义不容辞的使命，而地质科学是矿山安全建设的核心支柱之一，隋老师多年致力于该领域的研究，在“开采覆岩破坏及土体变形机理及预测”“采掘溃砂机理与预防”和“化学浆液与岩土相互作用及注浆防渗”等主要方面都有着卓越的建树和突出的贡献。

在“开采覆岩破坏及土体变形机理及预测”的研究中，隋老师提出了开采岩层移动工程地质研究的理论和方法，阐述了开采条件下的水土耦合作用机理，成为开采地表移动、塌陷区建筑物、铁路、桥梁等保护研究的理论基础。

隋老师对“采掘溃砂机理与预防”的研究，深化了人们对覆岩破坏后裂缝贯穿松散层形成突水溃砂灾害发生机理的认识，对于近松散水体下安全开采评价具有重要的基础作用。隋老师提出了孔隙水压力对采动及水砂突涌的响应特征，为建立以孔隙水压力变化特点为基础的实时监测预报系统奠定了基础；提出了防治水砂突涌的地质工程措施和安全技术措施，形成了在近松散层采煤水砂突涌机制、预防、治理与安全评价的系统理论和技术[4]。水砂突涌防治的有关成果已经编入新的“煤矿防治水规定”的“水体下采煤”一章[5]。有关研究成果应用于山东、河南、安徽等地的煤矿，保障了矿井生产

安全，解放煤炭储量5000多万吨，已经安全回采1000万吨，社会效益和经济效益显著。

在“化学浆液与岩土相互作用及注浆防渗”方面，隋老师在研究化学浆液与岩土体相互作用的机理、地下注浆岩体在爆破作用下的破坏机理和防爆效应、裂隙在爆破作用下重新开裂的加速度、应力等阈值的基础上，开发了新的化学注浆材料和双介质变深注浆新工艺，建立了高压注浆研究实验平台。研究了在高水温、高水压和高相对湿度环境下，煤矿水闸墙及煤岩体防渗注浆，并成功用于8.32MPa和51℃奥陶系深部突水的治理[6]，有效地解决了多个矿井微孔隙裂隙防渗透、极破碎煤体和断层带的化学注浆加固以及松散层地区立井井筒破裂注浆治理。

回顾20多年的科研之路，他经历了多少个理论的质疑与验证，多少遍模型的拆倒与重建，多少次实验室内的彻夜无眠，多少次矿井下的煤粉扑面，才取得这些科研成果和技术突破。开采光明的地方，需要科学来护航，他就是一名护航者、一名优秀的舵手，不惜年华流逝，默默守护着开采光明的大军在煤海之中顺利前进。

三、凝心聚力，促进学院发展

隋旺华教授自1995年至2003年担任学院主管教学的副院长，2004年至今担任学院院长，多年以来肩负重任，对学院的建设和发展投入了大量的精力。在他和党政一班人的努力下，资源学院以建设研究型学院为奋斗目标，解放思想，抢抓机遇，在学科建设、科学研究、教育教学和师资队伍建设等方面取得了长足的进展[7]。

目前5个本科专业中，地质工程专业被确定为国家特色专业建设点，地质工程、水文与水资源工程2个江苏省品牌专业通过验收，地球物理学被确定为江苏省品牌专业建设点。在“十一五”期间，“211工程”和“985优势学科”建设项目顺利推进，矿产普查与勘探国家级重点学科的地位得到巩固和加强，地质资源与地质工程被确定为江苏省国家重点学科培育点和江苏省一级重点学科，地质资源与地质工程一级学科、地球探测与信息技术二级学科在江苏省重点学科建设中期检查中均获得优秀，新增地球物理学一级学科硕士点，新增水利工程工程硕士培养领域。

隋老师认为教师是教育的主体，从根本上决定着教育质量和人才质量，非常重视教师队伍的建设和青年教师培养。经过多年沉淀和发展，“地质工程专业主干课程教学团队”被评为国家级教学团队，建成省级优秀学术梯队1个、校级创新团队3个，1人获得“国家级教学名师”称号，7人被列入省部级人才培养计划。基层学术组织改革稳步进行，办学条件明显改善。

“十一五”末，学院年度科研经费比“十五”末增加了366%，其中纵向经费增加了510%；获得国家级科技进步二等奖1项，省部级科技和教育奖励42项；入选“全国百篇优秀博士学位论文”2篇、“江苏省优秀博士学位论文”2篇、“江苏省优秀硕士学位论文”4篇。矿山地质基础实验室被确定为江苏省实验教学示范中心建设点。“十一五”期间，煤层气资源与成藏过程教育部重点实验室被批准立项建设，完成了国家安全生产监督管理总局技术支撑中心的矿井水害防治基础实验室建设工作。这些举措拓宽了发展思路，提升了教学科研实力，为学院以后的科研与教学的长远发展奠定了坚实基础。

20年的辛勤耕耘，取得聊以自慰的硕果。当自己的学生们在科研的路上越走越稳，相继成才的时候，隋老师也即将迈入“知天命”的年龄。在他身上，我们看到更多的是一种明亮而不刺眼的光辉，一种峻拔而不陡峭的高度。或许，没有什么比那温暖的笑容和谦卑的情怀更能与他背后的成就和肩上的重担相匹配。“上善若水，厚德载物”是隋老师特别推崇的一句话，我们也借这句话来结束本文，祝隋老师在今后的生活和工作中平安健康、事事如意！

◎ 参考文献

[1] 隋旺华，曾勇．面向21世纪的地质工程专业教学体系改革与实践 [J]. 工程地质学报，2000 (S)：631-632.

[2] 隋旺华，刘坚，曾勇，等．好学力行求是创新培养优秀矿业地质人才 [J]. 中国地质教育，2006 (3)：36-38.

[3] 董青红，隋旺华．研究型学习效果及学生能力评价方法探讨 [J]. 中国地质教育，2006 (4)：81-83.

[4] 隋旺华，董青红，蔡光桃，等．采掘溃砂机理与预防 [M]. 北京：地质出版社，2008.

[5] 国家安全生产监督管理总局．煤矿防治水规定 [S]. 北京：煤炭工业出版社，2009.

[6] Sui W H, Liu J Y, Yang S G, Chen Z S, Hu Y S. Hydrogeological analysis and salvage of a deep coalmine after an underground water inrush [J]. Environmental Earth Sciences, 2011, 62 (4): 735-749.
[7] 隋旺华，曾勇．煤炭资源勘查与开发地质学科建设成效与展望 [J]. 中国地质教育，2007 (2): 38-40.

（原刊于《中国地质教育》，2011 年第 3 期，第 7-8 页）

好学力行　求是创新（代跋）

著名教育家蔡元培先生为矿大前身——焦作工学院同学录题写“好学力行”。数学家华罗庚先生为中国矿业学院落成题词“学而优则用、学而优则创”。好学力行求是创新，已成为矿大人共同的精神品格。

1980 年，我有幸成为中国矿业学院搬迁徐州办学的第一届学生。当年，改革开放的春风为教育教学注入了勃勃生机，我的老师们对我们水文地质及工程地质专业首期学生倾注了满腔热情，他们勤学笃行、求是创新的精神，给我留下了深刻的印记，使我受益终身。

1987 年，我研究生毕业留校任教，从第一次怀着忐忑的心情走上讲台，至今已经从教 37 年。近 40 年来，徐州这片创新创业的热土得天独厚的地质条件和国家能源基地的重要地位，为我的教学改革和科学研究提供了动力源泉。今天，我将从专业教学体系创新、课程教学模式创新、学科知识应用创新三个方面分享我教育教学与科学研究创新的体会：

一、长风破浪会有时，直挂云帆济沧海——专业教学体系创新

1995 年，我主管学院的教学工作，面对当时行业不景气、学生志愿率低、毕业生服务专业的比例下降，技术人才短缺严重影响着行业的健康发展的局面。我带领全院教师，以转变教育思想为先导，经过 5 年多的改革与实践，提出和实施了按专业大类招生、按专业方向培养的方案。该方案招生培养的首届学生 2000 年毕业，在学校他们养成对地质现象不厌倦的好奇心和敏锐的观察力、对地质工程专业的热爱与热情，具备了地质人不可缺少的坚强与坚持。毕业后涌现出一批优秀骨干。

2000 届本科生蔡荣，在 2003 年研究生毕业后被分配到苏州地铁工作。当基建处于低谷、面临重大困难时，他没有退却，一直奋战在苏州地铁建设第

一线，带领团队攻克“富水超软淤泥质地层、三重地质风险叠加”的工程技术难题，获得中国交通运输协会科技进步特等奖。得奖后他和我分享了他的喜悦，他自豪地告诉我：我们在上海、昆山、苏州之间建设一条交通运输大动脉，让上海地铁线网和苏州地铁线网无缝对接、双向奔赴，从此，“苏州市民乘坐地铁直达上海迪士尼，上海市民乘坐地铁去阳澄湖吃大闸蟹”有望成为日常的现实图景，中国的魔都和姑苏的古城交相辉映，共同支撑着世界第六大都市圈的形成。

我们起草修订的地质类专业目录被教育部采纳。2001 年该教学成果获得国家级教学成果一等奖，曾勇教授被评为首届国家级教学名师，受到温家宝总理的亲切接见。经过不懈努力，我们获得了 2 个国家级一流专业建设点，建成 1 个国家级教学团队，为国家培养了上万名地质类专业人才。

二、千淘万漉虽辛苦，吹尽狂沙始到金——课程教学模式创新

教学改革改到深处是课程，改到难处是课堂。教学中我深切地体会到“师如何教，亦师所教”。

对每个案例的精心讲解都是好学笃行的一次激励；对每份作业的细致批改都是认真做事的一次警醒。

每场讨论的思想碰撞都是创新火花的一次启迪；每次谈心的循循善诱都是美好未来的一次期许。

为此，我努力把课程教学过程变成师生共同提出问题、解决问题的过程，构建了案例驱动的翻转课堂教学模式。

我主讲土质学与土力学三十多年，先后获评国家精品课程、国家精品资源共享课程、首批国家级一流本科课程，主讲的煤矿工程与水文地质课程 2022 年也被评为国家级一流本科课程，相关教材、慕课等教学资源在全国多所院校得到推广应用，并取得突出的成果。如：

我的博士生褚程程，博士毕业后到安徽理工大学任教，讲授土质学与土力学课程时采用了我主编的教材、慕课等教学资源，2023 年获得第三届全国高校教师教学创新大赛一等奖，刷新了所在学校历届教学竞赛中的最好纪录。她说：我牢记入职时老师叮嘱我不仅要站上讲台，更要站稳讲台和站好讲台，这成为我持续推动课程的教学创新改革的动力。

新疆大学地矿学院是我们 20 多年来对口援疆单位，新疆大学地质工程专

业也采用了我们的教材、慕课等教学资源，从20多年前开不出实验课到现在已经具备较好的实验条件，教师史光明获得2023年第三届全国高校教师教学创新大赛二等奖，我的博士生张紫昭牵头的教学成果获得新疆大学特等奖，获得自治区科技成果一等奖，入选天山英才人才计划。

三、纸上得来终觉浅，绝知此事要躬行——学科知识应用创新

教学场所不只是三尺讲台。我经常鼓励我的学生到大自然中去，到生产一线去，到矿山去。只有通过现场实践，才能够发现新的问题、提出新的想法，才能寻找到解决问题的方法。因此，要坚持在解决国家和行业重大需求中不断推动学科发展、培养创新人才。

21世纪初，矿山水害事故给国家财产和人民生命安全带来巨大损失，我们团队基于多年理论和技术积累，参加编写了《煤矿防治水规定》的水体下开采部分，解放了大量煤炭资源，保障了生产安全。

2002年徐州三河尖煤矿深部工作面发生突水，水温高达51℃，空气湿度100%，抢险环境十分恶劣，我和学生们深入一线，为预防中暑，不断向身上浇水降温。承受800多米超高水压的水闸墙在国际上没有先例，我们承担了水闸墙结构分析、研制了高温注浆防渗材料，保障了水闸墙的建设和安全运营。

为响应“二十大”提出的安全治理向事先预防转型的要求，我带领团队申请获批了高势能突水溃砂主动防控国家自然科学基金重点项目。

这些根植于淮海大地的创新成果，已经推广应用于全国数百座矿山，为国家的能源资源安全开发作出了积极贡献。

创新，有一种初衷，是为了国家需求和实践需要；

创新，有一种坚持，是源于对教育的热爱和执着；

创新，有一种传承，是来自前辈老师的言传身教。

我将牢记科教报国的初心使命，在解决复杂工程问题中为祖国培养更多的拔尖创新人才，回答好“教育强国，教师何为”的时代答卷。

（该文是2024年庆祝第四十个教师节教育家精神宣讲稿。）